Giftpflanzen

Dr. rer. nat. habil. Horst Liebenow
Institut für Immunbiologie, Berlin

Karin Liebenow
Berlin

JSBN 3 432 02179 8
Lizenzausgabe aus dem VEB Gustav Fischer Verlag, Jena

Printed in the German Democratic Republic

Druckerei: IV/10/5 Druckhaus Freiheit Halle

Giftpflanzen

Vademekum für Tierärzte, Humanmediziner, Biologen und Landwirte

Von Horst Liebenow
und Karin Liebenow

Mit 51 Abbildungen
und 24 farbigen Tafeln

Ferdinand Enke Verlag Stuttgart · 19

Vorwort

Die deutsche Übersetzung der lateinischen Wortgruppe „vade me cum" heißt „komm mit mir". Entsprechend diesem Namen und dem Taschenbuchformat ist das Vademekum als ein ständiger Begleiter für den naturverbundenen Landwirt, Tierarzt, Arzt, Pharmazeuten, Lehrer und Erzieher gedacht. Aber auch in den Stationen junger Naturforscher sowie bei allen Garten- und Naturfreunden sollte das Buch nicht fehlen.

Im bisher erschienenen Schrifttum werden Giftpflanzen unter rein botanischen Gesichtspunkten behandelt. Die über Pharmakologie und Toxikologie vorliegenden Werke sprechen entweder den Human- oder den Veterinärmediziner an. In der landwirtschaftlichen Literatur erschienene Gift- und Arzneipflanzenbücher stellen den Anbau, Ertrag und die Züchtung der Pflanzen in den Vordergrund. Das Giftpflanzen-Vademekum soll die Lücke zwischen der rein botanischen Seite einserseits sowie der medizinisch-pharmakologischen Seite andererseits schließen helfen und damit zur Vermittlung einiger allgemeiner botanischer, pharmakologischer, medizinischer, veterinärmedizinischer und chemischer Kenntnisse beitragen. Diese stehen infolge der zunehmenden Spezialisierung oft unzureichend zur Verfügung. Als ein Buch für die Praxis kann und soll das Vademekum kein Lehrbuch für die erwähnten Fachdisziplinen sein oder ersetzen. Im Literaturverzeichnis werden daher einige neuere, einschlägige und zusammenfassende Darstellungen des jeweiligen Fachgebietes aufgeführt.

Den Stadtbewohnern und damit dem größten Teil der Bevölkerung sind die meisten Giftpflanzen unbekannt. Diese Unkenntnis trifft für breite Kreise der Landbevölkerung nicht zu. Andererseits verleben die Stadtbewohner immer mehr ihren Urlaub, die verlängerten arbeitsfreien Wochenenden und die Ferien in der Natur. Bei

Wanderungen und Ferienspielen können besonders Kinder und Jugendliche durch die Aufnahme unbekannter Pflanzenteile – besonders Beeren – Vergiftungen erleiden, aber auch mancher Erwachsene kann infolge Unkenntnis über die Pflanzenart zu Schaden kommen.

Das gleiche trifft auch für die Ernährung unserer landwirtschaftlichen Nutztiere zu. Noch immer ereignen sich Todesfälle oder unterschiedlich schwere Erkrankungen bei Rindern, Schweinen, Pferden, Schafen usw. nach Aufnahme von Grünfutter oder Heu, das mehr oder weniger mit Giftpflanzen durchsetzt ist. Aber auch aus Gärten, von Wegrändern oder anderen Flächen für Kaninchen und Ziegen geworbenes Futter kann dem Kleintierhalter empfindliche Tierverluste zufügen, wenn Giftpflanzen mit aufgenommen werden.

Erwähnt werden in dem Buch auch Überlieferungen über Verwendungen von Giftpflanzen zu „Liebestränken", „Hexenmitteln", Morden und als Rauschmittel. Schon immer haben Menschen, die in gesellschaftlichen Verhältnissen lebten oder leben, in denen erstrebenswerte Lebensziele nicht realisierbar sind, bewußt oder unbewußt zu Mitteln gegriffen, die ihnen „Lebensideale" vorgaukeln. Eine traurige Entwicklung, die letztlich bei der Einnahme moderner Suchtmittel wie Haschisch, Marihuana und LSD endet.

Unser Dank gilt dem VEB Gustav Fischer Verlag Jena für die weitestgehende Beachtung unserer Wünsche sowie für die ansprechende Gestaltung des Buches.

Möge das Vademekum dazu beitragen, Freude am Erkennen der Pflanzen zu finden und Vergiftungen unter Menschen und Tieren verhüten zu helfen bzw. eine schnelle und richtige Behandlung einzuleiten.

Berlin, im Herbst 1971

Die Verfasser

Inhaltsverzeichnis

1. Einleitung

Im Vergleich zu den selteneren Vergiftungen durch „echte Giftpflanzen" rücken Schäden infolge des veränderten Gehaltes an bestimmten Inhaltsstoffen in dann giftig wirkenden Pflanzen immer mehr in den Vordergrund. Daher haben wir uns auch entschlossen in unser Giftpflanzen-Vademekum alle Pflanzenvertreter aufzunehmen, die stets giftig, schwach giftig oder nur unter gewissen Bedingungen giftig sind. Vielen Lesern mag es daher zunächst abwegig erscheinen, solche bekannten Pflanzen wie Klee, Lupine oder Zuckerrübe unter den Giftpflanzen zu finden. Es ist aber zu bedenken, daß häufig durch extreme Witterungsverhältnisse, überdurchschnittliche Düngung, unsachgemäße Behandlung mit Schädlings- und Unkrautbekämpfungsmitteln, Beeinflussung durch Abgase der Industrie („Rauchschäden"), Befall der Pflanzen durch Pilze, Bakterien oder andere Krankheitserreger quantitative oder sogar qualitative Veränderungen unter den Inhaltsstoffen auftreten, die nach der Aufnahme zu Schäden im Organismus von Menschen und Tieren führen können. Auch der Übergang von der Gift- zur Heilwirkung und umgekehrt ist bei einigen typischen Gift- und Arzneipflanzen fließend. Noch immer gilt der Ausspruch des bekannten Arztes THEOPHRASTUS PARACELSUS (1493—1541): „Alle Dinge sind Gift, und nichts ist ohne Gift; allein die Dosis macht, daß ein Ding kein Gift ist." Daher wird in unserem Vademekum bei vorhandener Heilwirkung der Giftstoffe diese auch erwähnt.

Neben den *wissenschaftlichen* und gebräuchlichen *deutschen* Namen sind bei einigen Pflanzen noch die *volkstümlichen* Bezeichnungen aufgeführt. Die Abkürzungen hinter den wissenschaftlichen Pflanzennamen bezeichnen den oder die Autoren, die die Pflanzen beschrieben haben.

Stehen die wildwachsenden Pflanzen einer Art unter Naturschutz, ist dieser angegeben. Geschützte Pflanzen, auch Teile davon, dürfen nicht gesammelt oder beschädigt werden.

Die Abbildungen, *Erkennungsmerkmale* und der botanische Bestimmungsschlüssel ermöglichen eine exakte Artenbestimmung und damit eine Unterscheidung von ungiftigen Pflanzen. Die Angaben über die *Verbreitung* der Pflanzen beziehen sich auf das Gebiet von Mitteleuropa.

Der Komplex *Giftstoffe* ist am umfangreichsten gestaltet und beinhaltet neben der Bezeichnung der Giftstoffe auch die Wirkung auf Mensch und Tier sowie die bei einer Vergiftung an Ort und Stelle zu ergreifenden Maßnahmen.

Alle Pflanzengifte sind mehr oder weniger kompliziert aufgebaute chemische Verbindungen, die nach der Einwirkung auf den Organismus zu Erkrankungen oder in schweren Fällen zum Tode führen können. Dabei steht die Giftaufnahme über die Verdauungsorgane im Vordergrund. Eine äußerliche Gifteinwirkung auf die Haut erfolgt seltener. Als *Pflanzengifte* können vorwiegend folgende chemische Verbindungen auftreten:

1. Alkaloide (alkaliähnlich): Diese organischen Verbindungen enthalten Stickstoff. Bekannte Alkaloide sind das Koffein des Kaffees und das Nikotin des Tabaks. Zu den am *einfachsten* gebauten Alkaloiden zählen die Piperidinalkaloide (z. B. das Koniin des Gefleckten Schierlings) und die Pyridinalkaloide (z. B. das Nikotin des Tabaks). *Kompliziertere* Struktur besitzen die Purinalkaloide (z. B. das Koffein des Kaffees, das Theobromin des Tees) und die Tropaalkaloide (das Atropin der Tollkirsche). Am zahlreichsten in den Pflanzen vertreten und von *noch komplizierterer* Bauart sind die Morphinalkaloide des Mohns, die Mutterkornalkaloide, die Tropolonalkaloide (z. B. das Kolchizin der Herbst-Zeitlose) und die Steroidalkaloide (z. B. im Germer, in der Kartoffel und anderen Nachtschatten-Arten). Diese Steroidalkaloide stehen den sauerstoffhaltigen Steroiden nahe.

Alle Steroide besitzen einen dem Cholesterin (Hauptbestandteil der Gallensteine) ähnlichen Molekülaufbau. Wir unterscheiden folgende Steroidgruppen: 1. Sterine (fettähnliche Stoffe), Verbindungen mit Zuckern werden als Steringlykosid bezeichnet; 2. herzwirksame Digitalis-Glykoside; 3. Saponine.

Glykoalkaloide sind Verbindungen des Alkaloids (Aglykon) mit verschiedenartigen Zuckern.

2. Glykoside: Es sind Verbindungen aus einem Zucker – meistens Glukose – und einer spezifischen, nicht zuckerartigen Komponente, die als Aglykon bezeichnet wird. *Blausäurehaltige Glykoside* liegen z. B. im Lein vor. Das stark giftige Aglykon Blausäure wird aus dem Glykosid frei. Senfölhaltige Glykoside, die als Aglykon Senföle abspalten, finden wir z. B. in Raps und Senf. Zu den *Alkoholglykosiden* zählen die Glykoside aus dem Roten Fingerhut (Digitalis-Glykoside) und Saponine. Ihre Aglykone gehören zur Gruppe der Steroide (s. o.). Die Saponine haben ihren Namen von dem seifenähnlichen Verhalten in wäßrigen Lösungen. Eine Vielzahl von Saponinen besitzt aber keine Aglykone mit Steroidstruktur. Einfache *Phenolglykoside* sind häufig Bestandteile ätherischer Öle, während sich die Gerbstoffe, zu denen auch die Tannine zählen, aus *komplizierteren Phenolabkömmlingen* (s. unten) aufbauen.

3. Ätherische Öle: Diese giftigen Substanzen treten hauptsächlich in den Harzölen der Nadelhölzer auf. Chemisch bestehen sie vorwiegend aus Terpenen, das sind aus zwei Isoprenresten sich zusammensetzende ungesättigte Kohlenwasserstoffe. Auch der natürliche Kautschuk bildet eine Aneinanderreihung einer sehr großen Anzahl von Isoprenbausteinen, woraus ebenfalls der Kampfer aufgebaut ist. Verbindungen aus zwei Terpenmolekülen heißen Diterpene, aus drei Triterpene usw.
Viele Pflanzen mit ätherischen Ölen werden aber auch als Gewürz- (Thymian, Bohnenkraut) und Duftpflanzen (Lavendel, Rosmarin) genutzt.

4. Eiweiße (Proteine): Sie sind u. a. die Giftstoffe von Schmetterlingsblütlern (z. B. Robinie).

5. Phenole und ähnliche Substanzen: Hierzu zählen die in Pflanzen oft und teilweise in hoher Konzentration vorkommenden Phenole bzw. ihre Abkömmlinge. Auch mehrwertige oder Polyphenole werden gefunden. Einfache Phenole sind vielfach in ätherischen Ölen enthalten. Von Phenolkarbonsäuren leitet sich das ungesättigte Lakton Kumarin (Duftstoff im Waldmeister) ab. Auch die Gerbstoffe lassen sich auf Phenole zurückführen, ebenso wie Vanillin- und Ferulasäure.
Da bestimmte Pflanzenteile wie Blätter, Früchte und Wurzeln unterschiedliche Mengen an Giften enthalten können, wird dies unter *Vorkommen* vermerkt.
Die unterschiedliche *Beeinflussung* des *Giftgehaltes* durch die Witterung, bei der Heugewinnung usw. wird ebenfalls behandelt.

Die sich bei Mensch und Tier äußernde *Giftwirkung* zeigt ein unterschiedliches Erscheinungsbild. Sie ist zunächst von der aufgenommenen Giftmenge – der Dosis – abhängig. Wichtig ist auch zu wissen, ob dieselbe Giftmenge auf einmal oder über einen längeren Zeitraum verteilt in den Organismus gelangt. Das Alter von Mensch und Tier ist ebenfalls entscheidend. Der sehr junge und der alte Mensch sind besonders anfällig. Natürlich wird bei einem allgemein guten Gesundheitszustand jede Vergiftung leichter überstanden. Bei den Wiederkäuern, wie z. B. Rind und Schaf, erfolgt häufig im Pansen eine Giftverdünnung und damit schwächere Einwirkung auf das Tier.
Es wurde bereits vermerkt, daß die einzelnen Gifte zu verschiedenen Krankheitsbildern – Symptomen – führen. Allgemein werden Erbrechen, Durchfälle, Krämpfe, unkoordinierte Muskelbewegung (Lahmheit), Pupillenerweiterung, Bewußtlosigkeit (Koma) und beschleunigte oder verlangsamte Atmung beobachtet. Anhand der Symptome allein kann nicht auf ein spezifisches Gift geschlossen und damit auch keine spezielle Giftpflanze bezeichnet werden.
Bei der *Behandlung* der *Vergiftung* beschreiben wir die sofort, aber mit Überlegung zu ergreifenden Maßnahmen. Alle weiteren Schritte sollten dem Arzt bzw. Tierarzt überlassen werden.
Wenn sich das Gift weniger als 3 bis 5 Stunden im Magen bzw. Pansen befindet, kann durch Aufnahme von lauwarmem Wasser, dem etwas Butter, Seife oder Kochsalz (1 Eßlöffel auf ein Glas) hinzugefügt wird, erbrochen werden. Auch mehrfaches Trinken einer zartviolett gefärbten Kaliumpermanganatlösung (0,5–1 ‰) verfolgt den gleichen Zweck. Erbrechen kann auch durch Reizung der Rachenwand mit dem Finger oder einem Löffelstiel ausgelöst werden.
Ein Einhüllen der Giftstoffe ist durch Verabreichen von Milch und Haferschleim möglich. Sind die Gifte bereits im Darm, so ist ein Abführen mit Glaubersalz (etwa 1—2 Eßlöffel auf ¼—½ *l* lauwarmes Wasser) oder Rizinusöl günstig. Eine Bindung (Adsorption) der giftigen Substanzen an Kohle ist ebenfalls zu empfehlen. Dabei sollten 10—50 g auf ¼—½ *l* Wasser gegeben werden. Zur Anregung des Kreislaufs sind Kaffee und Massagen geeignet.
Bei Vergiftungen durch *Blausäure* ist *sofortiges* Erbrechen durch lauwarmes, salz- oder kaliumpermanganathaltiges Wasser herbeizuführen. Schnellste ärztliche bzw. tierärztliche Behandlung ist bei dem Gift besonders angezeigt.
Alkaloidvergiftungen sind durch starke Abkochungen von schwar-

zem Tee, durch Lösung von Gerbsäure in Wasser, mit Magenspülungen, Kohleaufschwemmungen und Abführmitteln zu behandeln.

Bei *Pilzvergiftungen* ist ebenfalls zu erbrechen. Dann erweist sich das Trinken einer Glaubersalzlösung (Abführmittel) als günstig. Selbst eßbare Pilzgerichte können bei einer Aufbewahrung über 24 Stunden giftig wirken. Wieviel Erkrankungen sich durch Pilze ereignen, zeigen die 1050 Pilzvergiftungen mit 73 Todesfällen während der Jahre 1962—1967 in der VR Polen.

Finden die pflanzlichen Giftstoffe heute in der Medizin und Veterinärmedizin keine *Anwendung* mehr, werden sie im Vademekum nicht erwähnt. Auch die Bedeutung der Inhaltsstoffe in der Homöopathie unterbleibt weitestgehend, um den Charakter des Buches als Giftpflanzen-Vademekum zu wahren. Dagegen wird bei einigen Vertretern, besonders unserer heimischen Giftpflanzenfamilie der Nachtschattengewächse, vermerkt, welche „Wunderwirkung" im Hinblick auf Heil- und Suchtmittel der Pflanze z. B. in früheren Jahrhunderten beigemessen wurde. Die Wirkung von Liebestränken aus Nachtschattengewächsen wurde für ziemlich sicher gehalten. So läßt Horaz ein Weib, dem der erste Versuch mißlungen war, ausrufen: „Einen stärkeren Trank will ich dir bereiten, einen stärkeren dir kredenzen, dir, der du mich verschmähst. Eher soll der Himmel unter das Meer sinken und die Erde über ihm emporsteigen, als daß du nicht in Liebe zu mir entbrennen sollst, so, wie Harz zu schwarzen Flammen."

2. Beschreibung der Pflanzen und ihrer Giftstoffe

2.1. Blaualgen – Cyanophyta

Niedere, blütenlose Pflanzen. Echte Zellkerne fehlen. Vermehrung allgemein ungeschlechtlich durch Zellteilung.

2.1.1. Blaugrüne Algen – *Cyanophyceae*

Von einzelliger bis fadenförmiger Gestalt. Die meisten Vertreter sind größer als Bakterien.

Unter der deutschen Bezeichnung „Blaugrüne Algen" werden folgende wichtige giftige Arten erwähnt:

Anabaena flos aquae
Aphanizomenon flos aquae
Gloeotrichia pisum
Microcystis aeruginosa
Microcystis flos aquae
Nodularia spumigena
Oscillatoria lacustris
Prymnesium parvum

Erkennungsmerkmale

„Wasserblüte". Rote, blaue und grüne Verfärbung des Wassers durch teller- bis tischplattengroße Zellverbände.

Erscheinungszeit: Vorwiegend im Spätsommer.

Verbreitung: Auf der Wasseroberfläche oder bis zu 2 m Tiefe in Süß- und Meerwasser. Boddengewässer der Ostsee, Fischteiche.

Giftstoffe

Bezeichnung und Eigenschaften: Nur von wenigen Arten ist die chemische Zusammensetzung der Gifte bekannt. *Microsystis* enthält das toxische Eiweiß (Protein) Mikrozystin, auch *Nodularia* enthält ein Eiweiß, *Prymnesium* eine saponinähnliche Verbindung.

Beeinflussung des Giftgehaltes: Warme Witterung und hohe Nährstoffzufuhr, z. B. durch Abwässer und Düngung von Fischteichen, erhöhen den Giftgehalt der Algen. Neben der Bekämpfung des Algenwachstums durch schwermetallhaltige Algenbekämpfungsmittel (Algizide) ist, wenn möglich, die Nährstoffversorgung zu begrenzen.

Wirkung: Menschen erkranken durch Trinken des blaualgenhaltigen Wassers, durch das Baden in solchem Wasser oder das Essen von Muscheln, die sich von Blaualgen ernähren. Beim Tier entstehen Vergiftungen durch Aufnahme der Blaualgen aus oder mit dem Wasser. Vergiftungserscheinungen werden bei Rindern, Schweinen und Geflügel – besonders Enten – beobachtet. Ein bis zwei Stunden nach der Aufnahme der Gifte kommt es sowohl beim Menschen als auch beim Tier zum Erbrechen, zu Krämpfen, Atmungsbeschwerden, und in schweren Fällen tritt der Tod ein. Typisch sind Leberschäden als Gelbsucht, Schwellung, Blutstauung und Zirrhose.

Behandlung der Vergiftung: Entfernen des aufgenommenen giftigen Wassers und der Blaualgen durch Erbrechen. Magenspülungen.

2.2. Pilze – Mycophyta

Aus der Vielzahl der Pilze werden nur die giftigsten Vertreter aus der Klasse der höheren Pilze angeführt. Um einen umfassenderen Einblick in die Pilzsystematik und damit ein besseres Erkennen von Gift- und Speisepilzen zu gewinnen, sei auf die ausgezeichneten Darstellungen von Michael/Hennig und Bickerich-Stoll verwiesen. Daher wird auch auf eigene Abbildungen im Vademekum verzichtet. Pilze sind blütenlose Pflanzen, deren farblose Vegetationskörper aus Pilzfäden (Hyphen) bestehen. Die sonst für pflanzliche Zellwände typische Zellulose fehlt, dafür kommt Chitin vor. Vermehrung ungeschlechtlich und geschlechtlich.

2.2.1. Schlauchpilze – *Ascomycetes*

Meist 8 ungeschlechtlich entstehende Sporen werden in einem keulenförmigen Sporenschlauch (Ascus) ausgebildet.

● **Gießkannenschimmel-Arten** – *Aspergillus*-Arten

A. flavus, *A. fumigatus*, *A. glaucus*, *A. niger*, *A. oryzae*, *A. parasiticus* u. a.

Erkennungsmerkmale

Ausbildung gelber, blaugrüner oder schwarzer Schimmelrasen auf Nahrungsmitteln (z. B. Brot), Futtermitteln (z. B. Getreidefuttermittel, Kleie, Heu, Maissilage, Malzkeime, auf Erdnußkuchen besonders *A. flavus*) und Einstreu. Durch starken Pilz- und Bakterienbefall kommt es zum Verderben oder bis zur Fäulnis der genannten Substanzen. Die keulenförmigen Sporenfruchtträger bilden eine Vielzahl kleiner Sporen (Konidiosporen) aus.

Verbreitung: Auf feucht-warm gelagerten Nahrungs- und Futtermitteln mit einem Wassergehalt zwischen 15 und 30 %.

Giftstoffe

Bezeichnung und Eigenschaften: Es kommt zur Giftbildung (Toxinbildung) der Pilze bzw. Giftwirkung der pilzbefallenen Nahrungs- und Futtermittel infolge Zersetzung, besonders der Eiweiße. Dabei entstehen die Aflatoxine B_1, das am giftigsten ist, B_2, G_1 und G_2 durch *A. flavus*, *A. oryzae* und *A. parasiticus*. Die infolge der Stoffwechseltätigkeit der Pilze hohen Oxalsäuregehalte führen im Organismus vorwiegend zu Kalziummangel.

Beeinflussung des Giftgehaltes: Gering verpilzte Futtermittel können meist bedenkenlos weiter verfüttert werden, sollten jedoch nicht mehr lange aufgehoben werden. Stärker verpilztes Futter kann durch einstündiges Trocknen bei 100 °C oder Behandlung mit verschiedenen Chemikalien (Waschen mit 2 %iger Schwefelsäure oder 3 %igem Wasserstoffperoxid) mehr oder weniger pilzfrei gemacht werden. Besser sind jedoch eine rasche Trocknung und luftige Lagerung der aufzubewahrenden Futtermittel, so daß es möglichst nicht zum Pilzbefall kommt.

Wirkung: Vergiftungen durch die Stoffwechselprodukte („Mykotoxine") sind bei Tieren häufiger als bei Menschen, da verschimmelte Nahrungsmittel kaum gegessen werden. Alle Tierarten können gegenüber Gießkannenschimmelpilzen empfindlich sein, wobei Pferde am meisten, Rinder und Schafe weniger gefährdet sind. Die Erscheinungen äußern sich in Erkrankungen des Verdauungskanals (starker Durchfall, geringe bis starke Magen-Darm-Entzündungen), der Nieren und des Nervensystems (Gehirnerkrankungen und Lähmung der Gliedmaßen). Bei tragenden Tieren wird Abort beobachtet. Eintagsküken verenden infolge Befalls der Atemwege mit Pilzen (Aspergillose). Eine Verpilzung von Erdnußrückständen und anderen Futtermitteln mit *A. flavus* und anderen Arten bedingt besonders bei Truthühnern (Truthahn-X-Krankheit) und Enten, aber auch bei Rindern und Schweinen das Krankheitsbild der Aflatoxikose, während Schafe widerstandsfähiger sind. Die Krankheit äußert sich in Freßunlust und dadurch geringerer Gewichtszunahme im Vergleich zu gesunden Tieren und späteren starken Leberschäden. Aflatoxine bewirken auch 100mal stärker Leberkrebs als alle anderen bisher bekannten Lebergifte, die über den Verdauungsweg aufgenommen werden.

Behandlung der Vergiftung: Entleerung des Verdauungskanals, Verabreichung von Kohle.

● **Pinselschimmel-Arten** – *Penicillium*-Arten

P. glaucum, P. rubrum u. a.

Erkennungsmerkmale

Die Sporen (Konidiosporen) sitzen auf pinsel- oder besenförmig verzweigtem Sporenfruchtträger. Sonst s. Gießkannenschimmel-Arten.

Verbreitung: s. Gießkannenschimmel-Arten.

Giftstoffe

Bezeichnung und Eigenschaften: Wie die der Gießkannenschimmel-Arten, nur keine Vertreter, die Aflatoxine bilden.

Wirkung: Wie unter den Gießkannenschimmel-Arten beschrieben. Die einzelnen Gießkannen- und Pinselschimmel-Arten werden zu dem Begriff „Schimmelpilze" zusammengefaßt. Meistens wachsen die giftigen und ungiftigen Arten dieser beiden Schimmelpilz-Gattungen gemeinsam auf Nahrungsstoffen für Mensch und Tier, obwohl die häufigsten und gefährlichsten Vergiftungen durch Gießkannenschimmel-Arten bedingt sind.

Behandlung der Vergiftung: Wie unter den Gießkannenschimmel-Arten beschrieben. Generell sollten für verpilztes Futter die Pilzarten und die Stärke des Befalls (Keimzahlbestimmung) ermittelt werden, denn obwohl von etwa 100000 Pilzen nur etwa 50 Gifte bilden, sind wahrscheinlich Spätschäden bei Mensch und Tier häufiger als bisher angenommen. Verpilzte Lebens- und Futtermittel können daher direkt oder indirekt krankheitserregend wirken.

● **Mutterkornpilz** – *Claviceps purpurea*

Erkennungsmerkmale

Dieser Pilz bildet Sporen, die Getreidearten während der Blütezeit befallen. Infolge weiterer Entwicklungsvorgänge wird das Getreidekorn zum harten, schwarzvioletten, bananenförmigen Mutterkorn (Sklerotium) umgebildet, das die mehrfache Größe eines Roggenkorns besitzt. Aus dem überwinternden Mutterkorn entwickelt sich im Frühjahr der Pilz, dessen Sporen wieder in Getreideblüten eindringen.

Verbreitung: Vorwiegend in Roggenblüten, aber auch in anderen Getreide- und Grasblüten.

Giftstoffe

Bezeichnung und Eigenschaften: Im Mutterkorn befinden sich Alkaloide mit Lysergsäure (Indolderivat) als gemeinsamem Bestandteil. Zu den wasserlöslichen Ergobasinalkaloiden zählen Ergobasin, -novin und -metrin; zu den wasserunlöslichen Ergotaminalkaloiden das Ergotamin, -gosin u. a. sowie zur ebenfalls wasserunlöslichen Ergotoxingruppe das Ergokristinin, -kryptinin, -korninin u. a.

Beeinflussung des Giftgehaltes: Die verschiedenen Standorte des Getreides führen zu Schwankungen in Gehalt und Zusammensetzung der Alkaloide.

Wirkung: Das durch Mutterkorn hervorgerufene Krankheitsbild wird mit Ergotismus bezeichnet. Vor einer durchgreifenden Saatgutreinigung führte in Deutschland keine andere Giftpflanze zu so ausgedehnten Massenvergiftungen bei Mensch und Tier wie das Mutterkorn. Besonders in feuchten Jahren gelangten bis zu 10 % Mutterkorn mit dem Roggen ins Mehl. Infolge der guten Saatgutreinigung ereignen sich bei uns nur noch vereinzelt Vergiftungen. Über die letzte Massenvergiftung in Deutschland, der etwa 500 Personen zum Opfer fielen, wird in den achtziger Jahren des vorigen Jahrhunderts berichtet. Dagegen ereignete sich der letzte schwere Ausbruch von Ergotismus in Frankreich im Jahre 1951 im Süden des Landes. Von den Tieren sind Rinder und Geflügel am emfindlichsten. Bei Mensch und Tier zeigen sich nervöse Störungen, erhöhter Puls, Erblindung und Krämpfe. Ferner werden ein Kriebeln in Vorder- und Hintergliedmaßen („Kriebelkrankheit"), Absterben von Ohren, Zehen usw. beobachtet. Es kommt zur Austrocknung und Mumifikation der befallenen Teile (Gangränbildung). Die Alkaloide können die Gebärmutter zu natürlichen Wehen (Gefäßerweiterung) und damit zu Frühgeburten anregen (Uteruswirkung des Mutterkorns).

Behandlung der Vergiftung: Erbrechen, starke Teeabkochung.

Anwendung der Giftstoffe: Die wasserunlöslichen Alkaloide der Ergotamingruppe werden in der Geburtshilfe zur Wehenauslösung angewendet. Niedrige Dosen wirken beruhigend und temperatursenkend.

● **Gift- oder Frühjahrslorchel** – *Gyromitra esculenta* Fr. ex Persoon

Erkennungsmerkmale

Hut außen dunkelbraun, mit hirnartig gewundenen Wülsten, innen schmutzig weiß.
Stiel weiß, anfangs markig, später hohl.
Geruch unangenehm.
Größe: bis 15 cm.
Verwechslung beachten: Ungiftige Speisemorchel mit hellbraunem Hut und zellenartig grubiger Oberfläche

Verbreitung: März bis Mai in sandigen Kiefernwäldern.

Giftstoffe

Bezeichnung und Eigenschaften: Neben der stickstofffreien Helvellasäure ist das stickstoffhaltige Gyromitrin, das in seiner Wirkung den Inhaltsstoffen des Grünen Knollenblätterpilzes ähnelt (s. dort), enthalten.

Beeinflussung des Giftgehaltes: Der Giftgehalt ist in den einzelnen Jahren unterschiedlich. Fünf bis zehn Minuten in viel Wasser abgekocht, werden die Lorcheln entgiftet, das Kochwasser ist wegzugießen, und die Lorcheln sind auf einem Sieb zu überbrausen. Auch einwandfrei getrocknete Lorcheln sind nach einem viertel Jahr ungiftig.

Wirkung: Nach dem Grünen Knollenblätterpilz ereignen sich die meisten Pilzvergiftungen beim Menschen durch Lorcheln. Die Krankheitserscheinungen setzen 6—8 Stunden nach der Pilzaufnahme mit Kopfschmerzen, Durst, Erbrechen und Durchfall ein. Später folgen dann Schwindel, Kreislaufversagen, Gelbsucht und Leberschäden. Nach 2—4 Tagen tritt in solchen schweren Fällen der Tod ein. Unter den Tieren sind Hunde nach der Aufnahme des Kochwassers mit dem Futter verendet, während von landwirtschaftlichen Nutztieren die Pilze kaum aufgenommen werden dürften. Die unterschiedliche Wirkung der giftigen Lorcheln und ungiftigen Morcheln sei noch einmal durch den folgenden Spruch verdeutlicht:

„Die Morchel mit dem M wie Magen, kannst du auf jeden Fall vertragen. Die Lorchel mit dem L wie Luder, ist immer ein ganz gift'ger Bruder."

Behandlung der Vergiftung: Erbrechen, Magenspülungen und Kohleaufschwemmungen.

2.2.2. Ständerpilze – *Basidiomycetes*

Die ungeschlechtlich entstehenden 4 Sporen werden auf einem Ständer (Basidie) ausgebildet.

● **Grüner Knollenblätterpilz** – *Amanita phalloides* Fr.

Von den etwa 100 Giftpilzen der nördlichen gemäßigten Zone sind etwa 40 lebensgefährlich und etwa 10 unbedingt tödlich. Von letzteren zählen die meisten zur Gattung der Wulstlinge *(Amanita)*.

Erkennungsmerkmale

Hut grünlich weiß bis grau, anfangs halbkugelig, später flach gewölbt, dann ausgebreitet. Jung und bei feuchtem Wetter klebrig, sonst schwach glänzend. Hutunterseite mit weißen bis grünlich gelben Blattlamellen.

Stiel weiß, schwach grünlich überlaufen, im oberen Teil mit einer gewellten Manschette. Am Grunde des Stieles eine Knolle, die von einer oben aufgerissenen Hülle umgeben ist.

Geruch leicht süßlich, unangenehm.

Größe: Hut bis 12 cm breit, Stiel bis 15 cm hoch.

Verwechslung: Zur selben Gattung zählen die ebenfalls äußerst giftigen Arten *A. verna* (etwas kleiner und reinweiß gefärbt) und *A. virosa* mit spitzem Hut.

Verbreitung: Juli bis Oktober oft unter Eichen oder Buchen, auch auf Parkwiesen.

Giftstoffe

Bezeichnung und Eigenschaften: Bei den Giften handelt es sich um Verbindungen aus wenigen, teilweise schwefelhaltigen Aminosäuren (bizyklische Polypeptide). Zur Gruppe der Phalloine zählen: Phalloidin, Phallazidin, Phallisin und in Spuren Phalloin; zur Gruppe der Amanitine: α-, β-, γ- u. a. Amanitine. Die höchste Konzentration besitzt das Phalloidin, das auch sofort nach der Aufnahme durch den Organismus zu wirken beginnt. In der zweithöchsten Konzentration liegt das α-Amanitin vor, dessen Wirkung wesentlich später als die des Phalloidins einsetzt. Dafür ist aber die gleiche Menge α-Amanitin zehn- bis zwanzigmal giftiger als Phalloidin.

Beeinflussung des Giftgehaltes: Die Pilze werden auch durch Abkochen und Trocknen nicht entgiftet.

Wirkung: Knollenblätterpilzvergiftungen verlaufen in 40% aller Fälle tödlich. Von den gesamten tödlichen Pilzvergiftungen entfallen etwa 95% auf die Knollenblätterpilze. Bereits ein einziger Pilz enthält Giftmengen, um 2 bis 3 Menschen zu töten. Die Giftwirkung äußert sich erst 8—24 Stunden nach der Aufnahme in Brechdurchfällen und Übelkeit. Etwa vom 4. Tage an treten schwere Leberschäden auf, die sich u. a. zunächst in Gelbsucht äußern.

Behandlung der Vergiftung: Da 8—24 Stunden nach der Pilzaufnahme ohne Krankheitserscheinungen vergehen, können erst

Erbrechen und Magenspülungen eingeleitet werden, wenn sich die Gifte schon größtenteils in der Blutbahn befinden. In Anbetracht des Ernstes der Vergiftung ist daher sofortige ärztliche Behandlung erforderlich.

● **Brauner Knollenblätterpilz** – *Amanita pantherina* Fr. ex Dc.
Pantherpilz

Erkennungsmerkmale

Hut oberseits bräunlich bis graugelblich mit weißen Flocken. Rand gerieft. Unterseits weiße, dichtstehende Blattlamellen. Hut anfangs halbkugelig, später flach gewölbt, dann ausgebreitet.
Stiel weiß, schlank. Im oberen Teil mit glatter, unten ausgerandeter Manschette. Am Grunde von einer glattrandigen Knolle umgeben.

Geruch rettichartig.

Größe: Hut bis 10 cm breit, Stiel bis 12 cm hoch, 1—2 cm dick.

Verwechslung: Der eßbare Perlpilz ist leicht rosa gefärbt, mit glattem Hutrand, geriefter Manschette und einer in den Stiel verlaufenden Knolle. Geruchlos.

Verbreitung: Juli bis Oktober im Laub- und Nadelwald auf sandigem Boden.

Giftstoffe

Bezeichnung und Eigenschaften: Enthalten sind chemisch die gleichen Inhaltsstoffe wie beim Fliegenpilz (s. dort) sowie einige weitere, noch unbekannte Substanzen.

Wirkung: Die Anzahl der Vergiftungen liegt höher als beim Fliegenpilz. Sonst die gleiche Wirkung wie dieser.

Behandlung der Vergiftung: wie jede Pilzvergiftung (s. Einleitung, S. 13).

● **Roter Fliegenpilz** – *Amanita muscaria* Fr. ex L.

Erkennungsmerkmale

Hut oberseits leuchtend rot bis orange, anfangs dicht mit weißen Tupfen besetzt, später vereinzelt, leicht abwaschbar. Hutrand zuerst glatt, dann schwach gerieft. Hutunterseite dicht weißblättrig.

Stiel weiß, im oberen Teil mit weißer, feinflockiger Manschette, die am unteren Rand etwas verdickt und leicht gekerbt ist. Am

Grunde des Stieles eine leicht schmutzig weiße Knolle, von einer Haut mit warzigem Gürtel überzogen.

Geruch unbedeutend.

Größe: Hut bis 20 cm breit, Stiel bis 20 cm hoch und etwa 2,5 cm dick.

Verwechslung: jung den Bovisten ähnlich, beim Aufschneiden jedoch Hut mit Blattlamellen erkennbar.

Verbreitung: Juli bis November in Nadelwäldern, unter Birken, auf Heiden.

Giftstoffe

Bezeichnung und Eigenschaften: Als Hauptwirkstoff findet man das Alkaloid Muskarin, ferner sind die giftigen Substanzen Muskinol, Muskazon und Ibotensäure vertreten.

Wirkung: Die Vergiftungserscheinungen setzen 1—3 Stunden nach der Pilzaufnahme ein. Im Vordergrund steht die Einwirkung auf das Zentralnervensystem, die sich in Aufregung, Verwirrung, Tobsucht, Lachen und Sinnestäuschungen äußert. Schließlich folgen Lähmungserscheinungen, Bewußtlosigkeit und große Erschöpfung. Vergiftungen durch den Fliegenpilz sind sehr selten, da er allgemein selbst unter Kindern, bekannt ist.

Behandlung der Vergiftung: Da bereits nach 1—3 Stunden die Krankheitserscheinungen auftreten, wirken sich Erbrechen, Abführmittel und Kohle günstig auf den Krankheitsverlauf aus.

Anwendung der Giftstoffe: In früheren Zeiten dienten in gezuckerte Milch gelegte Pilzscheiben zur Fliegenvernichtung (daher der Name Fliegenpilz). Heutzutage übertreffen die modernen Insektenvernichtungsmittel (Insektizide) bei weitem die Fliegenpilz-Wirkung. Aus der Überlieferung geht hervor, daß die altnorwegischen Berserker eine bemessene Anzahl von Fliegenpilzen aßen und daraufhin in Rauschzustände und blindwütige Tobsucht verfielen („er wütet wie ein Berserker"). Bei anderen nordischen Völkern wurden in früheren Zeiten die Pilze im Rauch oder an der Luft getrocknet und dann in Lederbeuteln oder Schachteln aus Birkenrinde aufbewahrt. Die Pilze dienten sogar als Tauschmittel gegen Rentiere. Auszüge aus den Pilzen gemischt mit dem Saft der Trunkelbeere bewirken Wahnvorstellungen und Verwirrung. Auch der Harn der vom Fliegenpilz Berauschten ist wirksam und wurde daher zur Verlängerung des Rauschzustandes getrunken.

● Fleischrötlicher Giftschirmling – *Lepiota scobinella* Fr.

Erkennungsmerkmale

Hut oberseits rosa bis hellgraubraun-rötlich, filzig, schuppig, flach oder leicht gewölbt, am Rande mitunter umgebogen. Unterseits blaßgelbliche, hinten abgerundete Blattlamellen.

Stiel schmutzig rötlich mit dunkleren Hautresten.

Geruch anfangs fehlend, später säuerlich, unter Verschluß süßlich.

Größe: Hut 2—4 cm breit, Stiel bis 4 cm hoch und bis 1 cm dick.

Verwechslung: Der ebenfalls äußerst giftige Fleischbräunliche Giftschirmling hat einen weißrötlichen Hut mit dunkelbraunen Schuppen. Geruch fruchtartig.

Verbreitung: Juli bis Oktober in Parks, auf gedüngten Wiesen und Rasen.

Giftstoffe

Bezeichnung und Eigenschaften: Chemisch sind die Giftstoffe nicht näher erforscht, dürften aber denen des Grünen Knollenblätterpilzes ähnlich sein.

Wirkung: Lebensgefährliche Vergiftungen wie durch den Grünen Knollenblätterpilz (s. dort).

Behandlung der Vergiftung: s. Grüner Knollenblätterpilz, S. 21.

● Ziegelroter Faserkopf – *Inocybe patouillardi* Bresadola
Mai–Rißpilz

Erkennungsmerkmale

Hut zuerst weißlich, dann gelblich, später ziegelrötlich. Überständig oder an Druckstellen braunrötlich. Zuerst kegelig mit eingerolltem Rand, später glockig bis ausgebreitet. Längsfaserig. Unterseits weißliche bis erdbraune Blattlamellen, zuerst mit dem Stiel verbunden, später frei.

Stiel zuerst weiß, später rosa bis ziegelrot, leicht gekrümmt, gleichmäßig dick, unten schwach knollig.

Geruch süßlich, alkoholisch.

Größe: Hut bis zu 9 cm breit, Stiel bis 7 cm lang und bis 1 cm dick.

Verwechslung: Die ähnlichen Champignon-Arten und Mai-Ritterlinge beachten.

Verbreitung: Mai bis August gesellig unter Gebüsch, in Parks, auf Rasenflächen, in Wäldern.

Giftstoffe

Bezeichnung und Eigenschaften: Enthalten sind die gleichen Giftstoffe wie im Fliegenpilz (s. dort,) nur mit etwa 20fach erhöhtem Muskaringehalt.
Wirkung: Infolge des hohen Muskaringehaltes zeigen sich schwerer verlaufende Krankheitsbilder als beim Fliegenpilz (s. dort). Vergiftungen durch den Pilz treten besonders im Juni auf.
Behandlung der Vergiftung: s. Fliegenpilz, S. 23.

● **Giftiger Riesenrötling** – *Rhodophyllus lividus* Fr. ex Bulliard

Erkennungsmerkmale

Hut elfenbeinweiß bis graubraun, oft leicht lila überlaufen. Gewölbt mit umgebogenem Rand, später flach. Unterseits weißliche Blattlamellen, später fleischrosa. Blattlamellen am Grunde dicklich, wenig gedrängt, queradrig.
Stiel weiß, faserig, gerillt, mit schwammigem Mark, später hohl.
Geruch und Geschmack nach Mehl und leicht drogenartig.
Größe: Hut 5—17 cm breit, Stiel bis 12 cm hoch, meistens 3 cm dick.
Verwechslung: Der ähnlich aussehende Nebelgraue Trichterling ist später, erst im Herbst, zu finden.

Verbreitung: Mai bis September auf lehmigem oder schwarzem Boden unter Eichen, Buchen und anderen Laubbäumen. Waldwiesen.

Giftstoffe

Bezeichnung und Eigenschaften: Enthalten sind nicht näher bekannte Substanzen.
Wirkung: Die verhältnismäßig starke Giftwirkung äußert sich eine halbe bis zu mehreren Stunden nach der Aufnahme in Übelkeit, Erbrechen, Durchfall und Ohnmachtsanfällen.
Behandlung der Vergiftung: Erbrechen und Kohleverabreichung.

● **Tiger-Ritterling** – *Tricholoma pardinum* Quelet

Erkennungsmerkmale

Hut silbergrau mit dunkleren, filzig-faserigen Schuppen. Rand eingerollt, wellig-faltig. Später ausgebreitet, in der Mitte eingedrückt. Blattlamellen schmutzig weiß bis blaßgrün, engstehend, hinten abgerundet, oft mit Tröpfchen.

Stiel blaßweiß, mitunter braun gefleckt. Knollig, bauchig bis keulig. Fest, voll.

Geruch mehlartig.

Größe: Hut bis 10 cm breit, Stiel bis zu 8 cm hoch und 3,5 cm dick.

Verwechslung: Ähnlich aussehende faserig-schuppige Ritterlinge beachten.

Verbreitung: August bis Oktober in Laub- und Nadelwäldern auf kalkhaltigem Boden. Im Norden selten.

Giftstoffe

Bezeichnung und Eigenschaften: Ähnliche Substanzen wie im Riesenrötling, jedoch in geringerer Konzentration, aber auch noch unbekannte Verbindungen, sind enthalten.

Wirkung: Gleiche Verdauungsstörungen, aber von geringerer Stärke als beim Riesenrötling (s. dort). Die Erkrankungen können nach einer Viertelstunde auftreten, aber bis zu 14 Tagen anhalten.

Behandlung der Vergiftung: s. Riesenrötling, S. 25.

● Giftiger Wiesentrichterling – *Clitocybe rivulosa* Fr. ex Persoon

Erkennungsmerkmale

Hut oberseits hell fleischbraun-rötlich oder schmutzig ockergelb mit weißlichem Belag. Zuerst gewölbt, dann flach bis kreiselförmig mit dünnem, umgebogenem, leicht krausem Rand. Blattlamellen an der Hutunterseite dicht, am Stiel herablaufend.

Stiel weißlich bis rötlich, voll, zäh, oft gekrümmt.

Geruch säuerlich.

Größe: Hut bis 5 cm breit, Stiel bis 3 cm hoch, meist kurz.

Verwechslung: Nelkenschwindlinge und ähnlich aussehende kleine Mehlpilze beachten.

Verbreitung: im Gras, an Wegrändern, truppweise oder in Kreisen.

Giftstoffe

Bezeichnung und Eigenschaften: stark giftige Pilze mit erheblichem Muskaringehalt (s. Fliegenpilz).

Wirkung und *Behandlung der Vergiftung:* s. Fliegenpilz, S. 23.

● **Bleiweißer Firnistrichterling** – *Clitocybe cerussata* Fr.

Erkennungsmerkmale

Hut weiß, in feuchtem Zustand bräunlich gefleckt, dünne, abwischbare Oberhautschicht wie firnisartiger Reif. Blattlamellen weiß, dicht, etwas am Stiel herablaufend.
Stiel weiß.
Geruchlos.
Größe: Hut 5—8 cm breit, Stiel 3—6 cm lang.

Verbreitung: Oktober bis Dezember im Laub- und Nadelwald. Gesellig.

Giftstoffe: s. vorige Art.

● **Weißer Rasen-Gifttrichterling** – *Clitocybe dealbata* Fr. ex Sowerby

Erkennungsmerkmale

Ähnlich wie voriger. Jedoch Hut unbereift, trichterig.
Geruch schwach mehlartig, später nach frischem Holz.

Verbreitung: September bis November auf Rasenflächen.

Giftstoffe: s. Wiesentrichterling, S. 26.

● **Satanspilz** – *Boletus satanas* Lenz
Satansröhrling

Erkennungsmerkmale

Hut blaßgrau bis olivgrau. Dickfleischig, polsterartig gewölbt. Mit abziehbarer Oberhaut. Unterseits mit gelblichen bis olivgrünen Röhrenlamellen. Kurz, an den Mündungen gelb bis rot. Bei Druck grünblau anlaufend.
Stiel oben goldgelb, nach unten rötlich, am Grunde olivgrau-gelblich. Teilweise netzartig mit roten Adern überzogen. Dickbauchig.
Geruch, besonders im Alter, widerlich, etwas aasartig.
Größe: Hut 9—25 cm breit, Stiel 5—12 cm hoch, im Verhältnis zur Hutgröße kurz gedrungen.
Verwechslung: Hexenröhrling mit braungelbem Hut und gelbem, stark blauendem Fleisch, während der Satansröhrling weißes, nur leicht blauendes Fleisch hat.

Verbreitung: August bis September in Laubwäldern, besonders unter Buchen. Auf Kalkboden, im Süden, im Harz, auf Rügen. Nicht häufig.

Giftstoffe

Bezeichnung und Eigenschaften: wechselnder, meist geringer Muskaringehalt (s. Fliegenpilz).

Wirkung: Der Name spricht für eine größere Giftwirkung als sie in Wirklichkeit ist, denn tödliche Vergiftungen ereigneten sich noch nicht. Starke Erkrankungserscheinungen treten besonders nach dem Genuß roher sowie größerer gekochter Pilzmengen auf. Sonstige Wirkungen s. Fliegenpilz.

Behandlung der Vergiftung: s. Fliegenpilz, S. 23.

● Brandpilze – *Ustilaginales*

Während die bisher erwähnten Pilze – außer Schimmelpilze – fast ausschließlich beim Menschen zu Vergiftungen führen, sind durch Brand- und Rostpilze vorwiegend Tiere gefährdet.

Erkennungsmerkmale

Die Brandpilze leben besonders auf oder in höheren Pflanzen, die zur Familie der Süßgräser *(Poaceae)* zählen. Dort bilden die Pilze eine Vielzahl dunkelbrauner bis schwarzer Brandsporen.

Verbreitung: Der Flug-, Ruß- oder Staubbrand *(Ustilago*-Arten*)* befällt besonders die Fruchtknoten der Getreidearten wie Hafer, Gerste und Weizen.

Der Stein-, Stink- oder Schmierbrand des Weizens *(Tilletia tritici)* bildet die befallenen Weizenkörner zu „Sporenbehältern" (Butten) mit bis zu mehreren Millionen Brandsporen je Weizenkorn um.
Der Maisbeulenbrand *(Ustilago zeae)* bildet in der gesamten Pflanze, besonders in den Kolben, Beulen, die in Sporen zerfallen.

Giftstoffe

Bezeichnung und Eigenschaften: Wie bei den Schimmelpilzen (s. S. 17) erfolgt die Toxinbildung.

Wirkung: Je nach der Stärke des Befalls der Futtermittel mit Brandpilzen sind keine oder schwerste Vergiftungen der Tierarten zu erwarten. Besonders der Steinbrand kann zu starken Krankheitserscheinungen führen. Bei den Tieren werden durch Brandpilze, wie auch durch Schimmelpilze, unterschiedliche Krankheitsbilder wie Reizung der Schleimhäute, Taumeln, Lähmungen, Kolik, Verstopfungen und Aborte beobachtet.

Behandlung der Vergiftung: Verabreichung von Kohleaufschwemmungen und Absetzen des mit Brandpilzen befallenen Futters.

● Rostpilze – *Uredinales*

Erkennungsmerkmale

Auch die Rostpilze parasitieren auf höheren Pflanzen und bilden dort braunrote Sporenlager von kugeliger, flecken- und streifenförmiger Gestalt.

Verbreitung: Der Getreiderost *(Puccinia graminis)* befällt besonders die Blätter von Getreide- (Roggen, Gerste usw.) und Grasarten. Arten des Leguminosenrostes *(Uromyces)* sind auf Klee- und Erbsenarten zu finden.

Giftstoffe

Bezeichnung und Eigenschaften: s. Brandpilze.

Wirkung: Bei starkem Rostbefall der Futtermittel sind Todesfälle, besonders unter Rindern und Pferden, zu erwarten. Ansonsten führen die Toxine ebenfalls zu einem sehr vielseitigen Krankheitsbild. Es werden Entzündungen der Haut und Schleimhäute (Quaddeln und Rötung), Durchfall, Schwanken, Nierenbeschwerden und Lähmungen beobachtet.

Behandlung der Vergiftung: s. Brandpilze.

2.3. Farnpflanzen – Pteridophyta

Blütenlose Pflanzen, in Sproß und Wurzel gegliedert. Vermehrung durch Sporen.

2.3.1. Schachtelhalmgewächse – *Equisetaceae*

Stengel aus Gliedern zusammengesetzt. Die Sporenkapseln mit den Sporen in endständigen Ähren. Diese von den Farnpflanzen am besten untersuchte Familie ist reich an Alkaloiden, Saponinen und Polyphenolen.

● **Acker-Schachtelhalm** – *Equisetum arvense* L. (Abb. 1)

Erkennungsmerkmale

Fruchtbare Stengel im Frühjahr hellbraun, ohne Chlorophyll, etwa 5 mm dick, astlos. Jedes Stengelglied mit 6—19zähnigen Scheiden. Stengel nach Reife der Sporen absterbend.
Unfruchtbare Stengel später erscheinend, grün, gefurcht, etwa 3 mm dick.
Äste der Stengel z. T. verzweigt. Die untersten Astglieder länger als die Stengelscheide. Asthüllen am Grunde der Äste meist grün.
Pflanzenhöhe: 20—50 cm.
Sporenbildung: März bis April.

Verbreitung: Gemein. Äcker, Wegränder, besonders auf Sandboden.

Giftstoffe

Bezeichnung und Eigenschaften: Wie im Sumpf-Schachtelhalm ist das Saponin Equisetonin enthalten, ein chemisch unbekannter Bitterstoff. Außerdem kommt wahrscheinlich das Vitamin B_1 zerstörende Enzym Thiaminase vor.
Wirkung: Vergiftungen durch Acker-Sch. dürften selten sein und wohl in den weitaus meisten Fällen auf Verwechslungen mit dem Sumpf-Sch. beruhen. Auf Grund des Gehaltes an Thiaminase im Acker-Sch. ist jedoch eine Giftwirkung erklärbar.

● **Sumpf-Schachtelhalm** – *Equisetum palustre* L. (Abb. 2)
Duwok

Erkennungsmerkmale

Fruchtbare und *unfruchtbare Stengel* gleich gestaltet. Grün 1—3 mm dick, 6—10furchig. Scheiden der Stengelglieder 6—10zähnig.

Äste der Stengel unverzweigt, 5furchig. Die untersten Astglieder kürzer als die Stengelscheiden. Asthüllen am Grunde der Äste meist schwarz.
Pflanzenhöhe: 20—50 cm.
Sporenbildung: Juni bis September.

Verbreitung: Verbreitet. Nasse Wiesen, Gräben, Ufer.

Giftstoffe

Bezeichnung und Eigenschaften: Als Hauptalkaloid kommt Palustrin (Equisetin) vor, als Nebenalkaloide werden Palustridin und Muskarine (s. Knollenblätterpilz) gefunden. Außerdem sind neutrale Saponine (Equisetonin) enthalten und in geringen Mengen

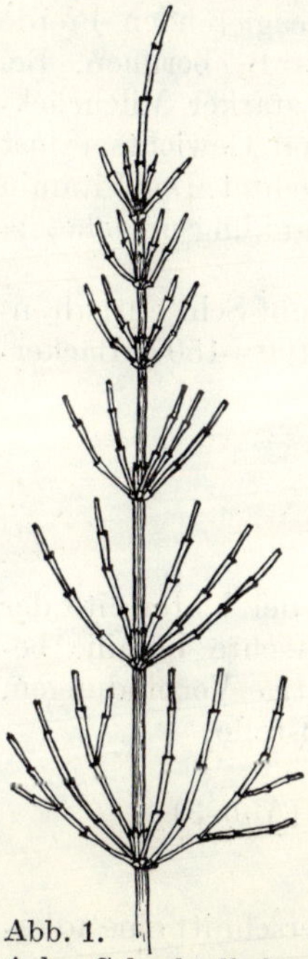

Abb. 1.
Acker-Schachtelhalm–
Equisetum arvense.

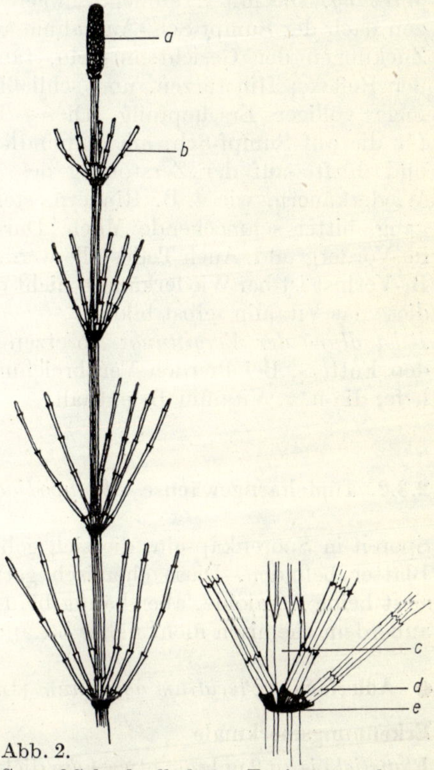

Abb. 2.
Sumpf-Schachtelhalm – *Equisetum palustre.*
a = Sporophyllstand; b = Ast; c = Stengelscheide; d = unteres Astglied; e = Asthülle.

Akonitin (s. Eisenhut) und Oxalsäure. Ferner enthält der Sumpf-Sch. eine Vitamin B_1 zerstörende Substanz, das Enzym Thiaminase, auf die die Hauptgiftwirkung zurückzuführen sein dürfte, während die Palustrinwirkung noch weitestgehend unbekannt ist. Das Palustrin entsteht in der Pflanze nicht erst nach Pilzbefall, sondern ist ein ursprünglicher Inhaltsstoff.

Beeinflussung des Giftgehaltes: Schon innerhalb von Tagen bestehen beachtliche Unterschiede im Palustringehalt (Witterungseinfluß). Die Giftwirkung des Enzyms bleibt auch im Heu und in Silagen erhalten. Dagegen wird in Wiesengras enthaltener Sumpf-Sch. ungiftig, wenn die Pflanzen nach dem Süßpreßverfahren behandelt werden.

Wirkung: Die mit „Taumelkrankheit" bezeichneten Erscheinungen nach der Sumpf-Sch.-Aufnahme äußern sich in Erregbarkeit, Zuckungen der Gesichtsmuskeln, taumelndem Gang, Aufhören der Reflexe, Hinstürzen, und schließlich verenden die Tiere infolge völliger Erschöpfung. Dieses Krankheitsbild ist typisch für die auf Sumpf-Sch. am empfindlichsten reagierenden Pferde und dürfte auf der Zerstörung des Vitamins B_1 beruhen. Bei Wiederkäuern, wie z. B. Rindern, stehen ein starker Milchrückgang, bitter schmeckende Milch, Durchfall und Gewichtsverlust im Vordergrund. Auch Todesfälle werden beobachtet. Der Vitamin B_1-Verlust ist bei Wiederkäuern nicht die Erkrankungsursache, da diese das Vitamin selbst bilden.

Behandlung der Vergiftung: Absetzen des Sumpf-Sch. enthaltenden Futters. Bei Pferden Verabreichung von 100—150 g Bäckerhefe, die u. a. Vitamin B_1 enthält.

2.3.2. Tüpfelfarngewächse – *Polypodiaceae*

Sporen in Sporenkapseln, die sich gehäuft an der Unterseite der Blätter befinden. Diese chemisch gering erforschte Familie besitzt keine Alkaloide, aber häufig blausäurehaltige Verbindungen, außerdem chemisch nicht näher bekannte Gerbstoffe.

● **Adlerfarn** – *Pteridium aquilinum* (L.) Kuhn (Abb. 3)

Erkennungsmerkmale

Blattstiel bis zu 2 m lang, etwa 1 cm dick, im Querschnitt eine adlerähnliche Figur zeigend.

Blätter bogenförmig geneigt, im Umriß dreieckig, 2—3fach ge-

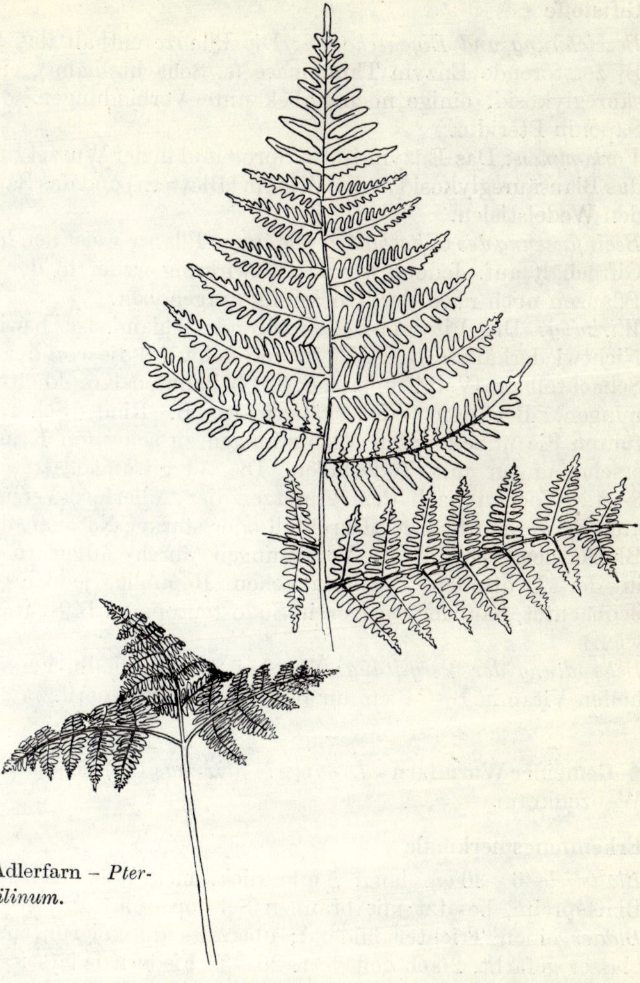

Abb. 3. Adlerfarn – *Pteridium aquilinum.*

fiedert. Die unteren Fiedern gestielt, die oberen sitzend, in der Form lineal-lanzettlich, vorn abgestumpft, ganzrandig.

Sporentragende Blätter und sporenlose fast gleich gestaltet.

Pflanzenhöhe: 30—200 cm.

Sporenbildung: Juli bis September.

Verbreitung: Gemein. Lichte, trockene und feuchte Laub- und Nadelwälder, Kahlschläge, Heiden.

Giftstoffe

Bezeichnung und Eigenschaften: Die Pflanze enthält das Vitamin B_1 zerstörende Enzym Thiaminase (s. Schachtelhalm), ein Blausäureglykosid, einige noch unbekannte Verbindungen sowie das Saponin Pteridin.

Vorkommen: Das Enzym ist im Sproß und in der Wurzel zu finden, das Blausäureglykosid in den Wedeln (Blättern) und das Saponin in den Wedelstielen.

Beeinflussung des Giftgehaltes: Die junge Pflanze weist den höchsten Giftgehalt auf. Jedoch ist die Giftwirkung weder in den älteren Pflanzen noch nach der Trocknung aufgehoben.

Wirkung: Die Vitamin-B_1 zerstörende Thiaminase bewirkt bei Nichtwiederkäuern (z. B. Pferd und Schwein) die von der Sumpf-Schachtelhalm-Vergiftung (s. S. 32) bekannten Krankheitserscheinungen. Bei den Wiederkäuern (z. B. Rind, Schaf, Ziege) führen die unbekannten Verbindungen zu schweren Krankheitserscheinungen mit Todesfällen. Die Vergiftungen treten noch 8—12 Wochen nach dem Absetzen der Adlerfarn-Verfütterung auf. Es werden blutiger Durchfall oder starker Nasenausfluß oder Bluthamen beobachtet. Vergiftungen durch Adlerfarn werden in der Deutschen Demokratischen Republik jedoch weniger beobachtet, häufiger dagegen in Südosteuropa (z. B. SFR Jugoslawien).

Behandlung der Vergiftung: Wie bei Schachtelhalm-Vergiftungen helfen Vitamin B_1-Gaben nur bei Nichtwiederkäuern.

● **Gemeiner Wurmfarn** – *Dryopteris filix-mas* (L.) Schott (Tafel Ia)
Wanzenkraut

Erkennungsmerkmale

Blattstiele 6—30 cm lang, 5 mm dick, mehrmals kürzer als die Blattspreite, besetzt mit braunen Schuppenblättern.

Blätter einen Trichter bildend; oberseits dunkelgrün, unterseits blasser gefärbt, 2fach gefiedert. 20—35 Fiedern jederseits, untere kurz gestielt, obere sitzend. Das unterste Fiederpaar ungleich groß. Blattzähne nicht stachelspitzig.

Sporenkapselhäufchen dem Mittelnerven genähert.

Pflanzenhöhe: 30—140 cm.

Sporenbildung: Juli bis September.

Verbreitung: Meist häufig, besonders auf Lehmböden. Laub- und Nadelwälder.

Giftstoffe

Bezeichnung und Eigenschaften: Es sind enthalten Phlorogluzin (ein mehrwertiges Phenol)-Abkömmlinge (Aspidinol, Albaspidin, Flavaspidsäure und Filixsäure), Filixgerbsäure und geringe Mengen ätherischer Öle und blausäurehaltiger Verbindungen. Wie im Schachtelhalm wird das Vitamin B_1 zerstörende Enzym Thiaminase nachgewiesen.

Vorkommen: Phlorogluzinverbindungen sind vorwiegend in den Wurzelstöcken und den Stielen der Wedel (Blätter) zu finden.

Beeinflussung des Giftgehaltes: Der höchste Phlorogluzingehalt liegt im Sommer in den jungen Pflanzen vor.

Wirkung: Es treten die gleichen Krankheitserscheinungen wie bei der Schachtelhalm-Vergiftung (s. S. 32) auf. Bei Rindern werden auch taumelnder Gang und Atmungslähmung beobachtet.

Anwendung der Giftstoffe: Früher waren besonders die Wurzelstöcke ein wichtiges Mittel gegen Bandwürmer, auch heute finden die Inhaltsstoffe dagegen Verwendung.

Behandlung der Vergiftung: s. Sumpf-Schachtelhalm, S. 32.

2.4. Samenpflanzen – Spermatophyta

Pflanzen mit Blüten. Vermehrung durch Samen.

2.4.1. Nacktsamer – *Gymnospermophytina*

Blüten ohne Fruchtknoten, Griffel und Narben, die Samenanlagen liegen frei auf der Innenseite von Schuppenblättern. Bäume oder Sträucher. Neben Alkaloiden kommen vorwiegend ätherische Öle vor.

2.4.1.1. Eibengewächse – *Taxaceae*

In dieser chemisch intensiv bearbeiteten Familie werden weder Harze noch ätherische Öle gefunden.

● **Beeren-Eibe** – *Taxus baccata* L. (Tafel Ib)
Geschützt!

Erkennungsmerkmale

Blüten unscheinbar, eingeschlechtlich. Staubblüten als gelbliche Kätzchen in den Achseln der Nadeln (bereits im Herbst erkennbar), weibliche Blüten auf kleinen, schuppigen Stielen. Pflanze zweihäusig.
Samen hart, von einem rotfleischigen, bereiften Becher umgeben. Erbsengroß.
Nadeln immergrün, flach, oberseits glänzend, unterseits matt und heller grün; 2—3 cm lang, 2 mm breit, stachelspitzig. Anordnung zweizeilig.
Stamm mit langfaseriger, brauner Borke.
Pflanzenhöhe: Strauch oder bis 15 m hoher Baum.
Blütezeit: März bis April, Samenreife ab August.

Verbreitung: Selten, Gebirgswälder. Als Zierstrauch häufig auf Friedhöfen.

Giftstoffe

Bezeichnung und Eigenschaften: Seit langem ist in der Eibe das Alkaloid Taxin als toxisch bekannt. Es handelt sich dabei um keine einheitliche Verbindung, sondern hauptsächlich um Taxin A,

B und C. Daneben kommen geringe Mengen blausäurehaltiger Verbindungen und Ephedrin (Alkaloid) vor.

Vorkommen: Den höchsten Alkaloidgehalt besitzen die Nadeln mit 0,6—2,0‰, wobei die größten Mengen in den alten Nadeln, also während der Herbstmonate und später, gefunden werden. Auch der Same ist mit 1 ‰ Taxin stark giftig, während der fleischige Samenmantel kaum Alkaloide enthält. Den höchsten Blausäuregehalt besitzen die alten Nadeln, während in frischen Nadeln mit etwa 20 mg Blausäure je kg geringe Werte gefunden werden.

Beeinflussung des Giftgehaltes: Entscheidend wirkt die Jahreszeit auf den Alkaloidgehalt. Weder Trocknen noch Kochen beeinflußt die Alkaloidkonzentration.

Wirkung: Die Vergiftung tritt sehr schnell nach der Eiben-Aufnahme ein. Die empfindlichen Pferde brechen schon 5 Minuten nach dem Fressen von Nadeln und Zweigen tot zusammen, ohne vorher Krankheitserscheinungen zu zeigen. Rinder vertragen etwa die 5fache Menge und verenden bisweilen erst 2 Tage nach der Aufnahme, ohne in der Zwischenzeit krank zu sein. Das Taxin wirkt dabei als Herz- und Atmungsgift, zuerst erregend und dann lähmend. In nicht tödlichen Fällen werden Magen-Darm-Entzündungen, Nierenschädigung und bisweilen starker Rückgang der Milchmenge beobachtet.

Behandlung der Vergiftung: Meistens ist die Behandlung wegen des schnellen Vergiftungsverlaufs nicht möglich. Andernfalls sind Abführmittel, Aktivkohle und bei Rindern der Pansenschnitt zur Entfernung der Eibenzweige zu empfehlen.

2.4.1.2. Zypressengewächse – *Cupressaceae*

● *Abendländischer Lebensbaum – Thuja occidentalis* L. (Tafel IIa)
Hecken-Thuja

Erkennungsmerkmale

Blüten eingeschlechtlich, weibliche als gelbgrüne Sternchen, männliche als endständige Kätzchen.

Zapfen hellbraun, aus stumpfen Schuppen bestehend. Samen geflügelt.

Blätter schuppig, dachziegelig, oberseits dunkelgrün, unterseits mattgrün. Blätter auf der Zweigoberseite mit drüsigem Höcker.

Stamm meist von unten an mit Ästen.
Äste waagerecht oder schräg gestellt, flach.
Pflanzenhöhe: bis 15 m hoher Baum.
Blütezeit: April bis Mai.

Verbreitung: Zierbaum, oft als Hecke gezogen.

Giftstoffe

Bezeichnung und Eigenschaften: Wirksam ist vorwiegend ein ätherisches Öl mit dem Hauptbestandteil Thujon, weitere Komponenten sind Kampfer, Fenchon und andere Terpene.
Vorkommen: Hauptsächlich enthalten die Schuppenblätter die genannten Substanzen.
Wirkung: Die Giftstoffe bewirken Magen-Darm-Entzündungen und Krämpfe. In schweren Fällen treten nicht rückgängig zu machende Leber- und Nierenveränderungen auf. Besonders betroffen sind Pferde nach dem Abfressen von Zweigen.
Behandlung der Vergiftung: Magenspülungen, Brechmittel, Kohle, notfalls sind auch Milch und Haferschleim wirksam.

● **Morgenländischer Lebensbaum** – *Biota orientalis* (L.) Endl.

Erkennungsmerkmale

Wie Abendländischer Lebensbaum, jedoch:
Zapfen aus lang bedornten Schuppen bestehend.
Blätter beiderseits gleichgefärbt.
Äste senkrecht gestellt.
Pflanzenhöhe: bis 5 m hoher Baum.
Blütezeit: April bis Mai.

Verbreitung: Ziergehölz.

Giftstoffe

Bezeichnung und Eigenschaften: Das ätherische Öl enthält als Bestandteile Thujasäure, Thujopsen, Taxifolin u. a.
Wirkung: ähnlich wie Abendländischer Lebensbaum.
Behandlung der Vergiftung: wie Abendländischer Lebensbaum.

● **Gemeiner Sadebaum** – *Juniperus sabina* L. (Abb. 4)
Stink-Wacholder

Erkennungsmerkmale

Beerenzapfen schwärzlich, blau bereift, überhängend, erbsengroß. Darin 1—4 glänzend braune Samen mit winzigen Höckern.

Nadeln entweder nadelförmig, abstehend, zu 3 in Quirlen oder, wenn schuppenförmig, dann den Zweigen kreuzgegenständig anliegend. Zerrieben mit starkem Geruch.
Pflanzenhöhe: 1—2 m hoher aufrechter oder niederliegender Strauch.
Blütezeit: April bis Mai.
Verbreitung: Hochgebirgspflanze, selten als Ziergehölz.

Giftstoffe

Bezeichnung und Eigenschaften: Das ätherische Öl besteht aus flüchtigen und nichtflüchtigen giftigen Substanzen wie Sabinol, Sabinen, Thujol und anderen Terpenabkömmlingen.

Abb. 4. Sadebaum – *Juniperus sabina.*

Vorkommen: Die ätherischen Öle sind besonders in den Zweigspitzen enthalten.
Wirkung: Die Vergiftungserscheinungen äußern sich in Erbrechen, Magen-Darm-Entzündung, blutigem Durchfall und Krämpfen. Besonders anfällig sind Wiederkäuer, während Pferde größere Mengen ohne Erkrankung vertragen. Vergiftungen durch die Pflanze sind aber selten, sie ereignen sich eher durch das zu Einreibungen verwendete Sadebaumöl.
Behandlung der Vergiftung: Brechmittel, Magenspülungen und Kohleverabreichung.

2.4.2. Bedecktsamer – *Angiospermophytina*

Blüten mit Fruchtknoten, die Samenanlagen einschließend, mit Griffeln und Narben.

2.4.2.1. Einkeimblättrige Pflanzen – *Monocotyledonopsida*

Nur Kräuter. Keimling mit einem Keimblatt. Blätter parallelnervig. Blütenteile meist zu je 3 oder 6, oder Blüten grasartig. An Inhaltsstoffen sind Saponine weit verbreitet, ätherische Öle und Oxalsäure weniger.

2.4.2.1.1. Dreizackgewächse – *Juncaginaceae*

● **Meerstrand-Dreizack** – *Triglochin maritima* L. (Tafel IIb)
Doppel-D., Röhr

Erkennungsmerkmale

Blüten unscheinbar, gelbgrün, dicht traubig.
Frucht ein 6teiliges Nüßchen, aufrecht.
Blätter schmal lineal, die grundständigen rosettig, bis 4 mm breit.
Pflanzenhöhe: 15—75 cm.
Blütezeit: Juni bis August.
Verbreitung: An der Küste verbreitet, sonst selten. Salzige Wiesen.

Giftstoffe

Bezeichnung und Eigenschaften: Beide Dreizack-Arten enthalten wahrscheinlich wechselnde Mengen an freier Blausäure.
Vorkommen: Vorwiegend sind die Blätter giftig.
Wirkung: Von der Vergiftung werden hauptsächlich Schafe betroffen. Über Blausäurevergiftung s. Lein, S. 108.
Behandlung der Vergiftung: Bei jeder Blausäurevergiftung ist schnellste ärztliche bzw. tierärztliche Behandlung erforderlich.

● **Sumpf-Dreizack** – *Triglochin palustris* L.
Fettgras

Erkennungsmerkmale

Blüten unscheinbar, Blumenkronblätter gelbgrün, zuweilen violett überlaufen. Blütenstand aufrecht, traubig, locker vielblütig.
Frucht ein 3 teiliges Nüßchen.

Blätter schmal lineal, am Grunde des Stengels eine Rosette bildend.

Pflanzenhöhe: 15—30 cm.

Blütezeit: Juni bis August.

Verbreitung: Verbreitet. Sumpfwiesen, Ufer, Gräben, nasse Waldwege.

Giftstoffe: s. Meerstrand-Dreizack.

2.4.2.1.2. Süßgräser – *Poaceae (Gramineae)*

Selten Gift- und Arzneipflanzen. An Inhaltsstoffen werden blausäurehaltige Verbindungen und Polyphenole gefunden, seltener Saponine und ätherische Öle. Vertreter dieser Familie liefern Hauptnahrungsmittel wie Mehl (Getreidearten), Reis, Hirse usw.; Baumaterial wie Bambus, Schilf, Stroh; Fasern. Wichtige Futterpflanzen sind die Wiesengräser.

● Wolliges Honiggras – *Holcus lanatus* L. (Abb. 5)

Erkennungsmerkmale

Ährchen in zusammengezogenen Rispen, die nur während der Blüte ausgebreitet sind. Meist rötlich überlaufen. Rückengranne der männlichen Blüte von den Hüllspelzen eingeschlossen.

Blätter beiderseits weichhaarig. Blatthäutchen groß, gefranst.

Pflanzenhöhe: 30—100 cm.

Blütezeit: Juni bis August.

Verbreitung: Verbreitet. Trockene Wiesen, Wegränder, Wälder.

Giftstoffe

Bezeichnung und Eigenschaften: Vorwiegend treten blausäurehaltige Verbindungen auf.

Wirkung: über Blausäurevergiftungen s. Lein, S. 108

Behandlung der Vergiftung: schnellste tierärztliche Behandlung.

● Nickendes Perlgras – *Melica nutans* L. (Abb. 6)

Erkennungsmerkmale

Ährchen länglich, nickend, in Trauben. Traubenäste kurz, einseitswendig. Hüllspelzen braunrot, weißhäutig berandet, Deckspelzen grün, 5nervig.

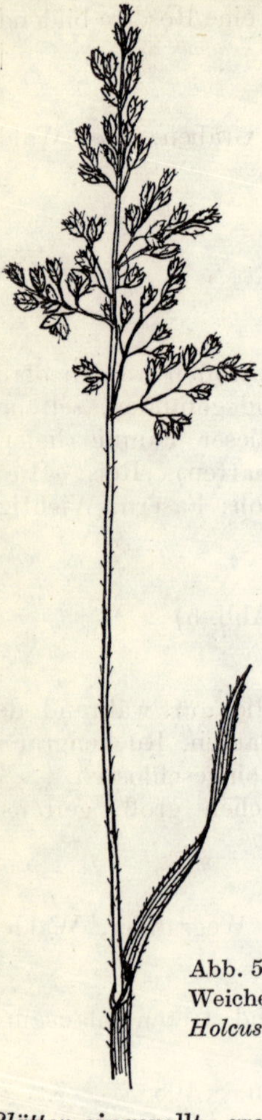

Abb. 5.
Weiches Honiggras –
Holcus lanatus.

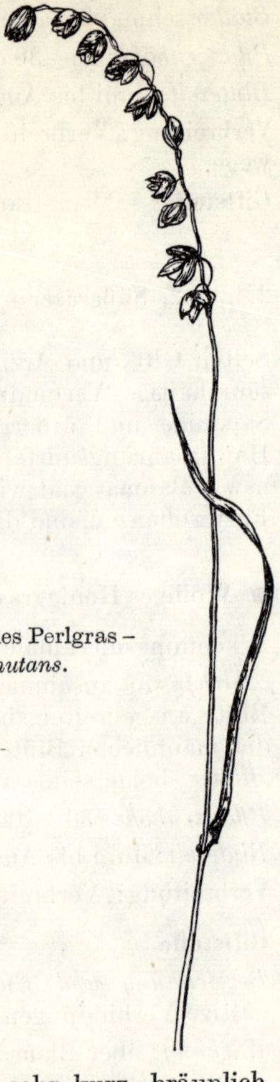

Abb. 6.
Nickendes Perlgras –
Melica nutans.

Blätter eingerollt, grasgrün. Blatthäutchen sehr kurz, bräunlich.

Pflanzenhöhe: 30—60 cm.

Blütezeit: Mai bis Juni.

Verbreitung: verbreitet. Schattige Wälder, Gebüsche.

Giftstoffe: s. vorige Art.

● **Wiesen-Rispengras** – *Poa pratensis* L. (Abb. 7)

Erkennungsmerkmale

Ährchen 3—5blütig, in Rispen mit meist 5 Ästen auf der untersten Stufe. Spelzen der Ährchen auf dem Rücken und am Rande behaart.

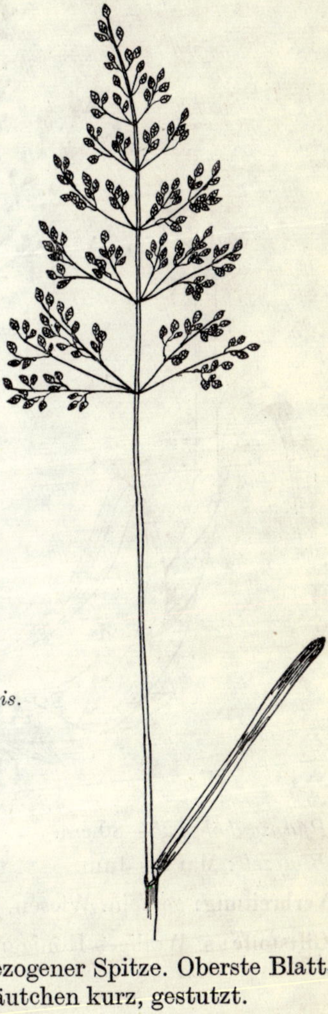

Abb. 7. Wiesen-Rispengras – *Poa pratensis*.

Blätter mit kahnförmig zusammengezogener Spitze. Oberste Blattscheide länger als das Blatt. Blatthäutchen kurz, gestutzt. *Wurzeln* mit Ausläufern, kriechend.

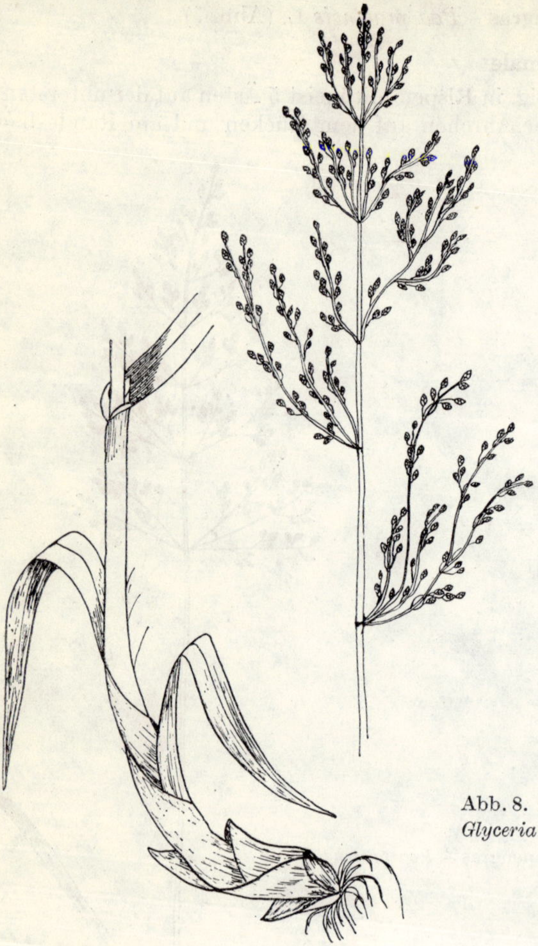

Abb. 8. Großer Schwaden – *Glyceria maxima.*

Pflanzenhöhe: 25—80 cm.

Blütezeit: Mai bis Juni.

Verbreitung: gemein. Wiesen, Wegränder.

Giftstoffe: s. Wolliges Honiggras.

● **Großer Schwaden** – *Glyceria maxima* (Hartm.) Holmb. (Abb. 8)
Wasser-Schwaden

Erkennungsmerkmale

Ährchen sehr zahlreich in gleichmäßig ausgebreiteten, sehr ästigen Rispen. Ährchen 3—9blütig. Deckspelze länglich, stumpf, 7nervig.
Blätter 1—2 cm breit, Blattscheiden stielrund, geschlossen. Blatthäutchen gestutzt.
Pflanzenhöhe: 100—200 cm.
Blütezeit: Juli bis August.

Verbreitung: verbreitet. Teiche, Gräben, Sümpfe.

Giftstoffe: s. Wolliges Honiggras.

● **Taumel-Lolch** – *Lolium temulentum* L. (Abb. 9)
Taumel-Weidelgras, Tollkraut, Schwindel-Lolch.

Erkennungsmerkmale

Ährchen 5—7blütig, eine bis zu 30 cm lange unterbrochene Ähre bildend. Ährchen mit der Schmalseite der Hauptachse anliegend (s. dagegen Quecke, S. 47). Hüllspelzen grannenlos, 7nervig, so lang oder länger als das Ährchen; Deckspelze mit steifer, gerader Granne, 5nervig, knorpelig.
Stengel aufrecht, Pflanze gras-graugrün.
Pflanzenhöhe: 30—80 cm.
Blütezeit: Mai bis Juli.

Verbreitung: zerstreut. Auf Getreideäckern.

Giftstoffe

Bezeichnung und Eigenschaften: Enthalten sind das Alkaloid Temulin, dessen Struktur noch nicht völlig aufgeklärt ist, vereinzelt blausäurehaltige Verbindungen, Saponine und ätherische Öle.
Vorkommen: Temulin ist vorwiegend in den reifen Früchten zu finden.
Beeinflussung des Giftgehaltes: Die Giftigkeit schwankt in Abhängigkeit von der Jahreszeit und der Gegend. Überhaupt ist nicht eindeutig erwiesen, daß das Temulin die giftige Komponente ist. Es wird auch erwogen, daß das Temulin erst infolge eines Pilzbefalls entsteht. Wieder andere Ansichten besagen, daß nicht das Temulin, sondern andere durch den Pilzbefall entstehende Substanzen giftig wirken.

Wirkung: Das als Temulismus bezeichnete Krankheitsbild äußert sich in Taumeln, Lähmungen, Krämpfen, und in schweren Fällen tritt der Tod infolge Atmungslähmung ein. Anfällig sind besonders Pferde, Schweine und Geflügel. Durch die besseren Saatgutreinigungsverfahren im Vergleich zu früher dürften jedoch bei Mensch und Tier gegenwärtig kaum noch Vergiftungen vorkommen.

Abb. 9. Taumel-Lolch – *Lolium temulentum.*

Abb. 10. Gemeine Quecke – *Agropyron repens.*

Behandlung der Vergiftung: Verabreichung von Kohle und Beseitigung der Körner aus dem Verdauungskanal.
Anwendung der Giftstoffe: In einem alten Kräuterbuch wird berichtet: „Die Lulche dienen in Breyformigen Umschlägen zu den harten Beulen und Geschwulsten Kröpffen, fressenden und faulen Schäden, kalten Brand und so man sich verbrennt, vor das Hüfftweh, Flechten, Flecken der Haut und Zitter-Mähler."

● **Gemeine Quecke** – *Agropyron repens* (L.) P. B. (Abb. 10)
Päde

Erkennungsmerkmale

Ährchen 5—7blütig. Bis zu 20 Ährchen in 10—20 cm langen Ähren zweizeilig angeordnet. Ährchen mit der Breitseite der Hauptachse anliegend (s. dagegen Taumel-Lolch) Hüllspelze 5nervig, lanzettlich, Deckspelze zuweilen kurz begrannt.
Blätter dünn, gras- oder graugrün, Nerven der Blattoberseite und die Blattscheiden behaart. Blattöhrchen krallenartig.
Pflanze mit langen, weißen, knotig gegliederten Ausläufern.
Pflanzenhöhe: 35—120 cm.
Blütezeit: Juni bis Juli.

Verbreitung: gemein. Wegränder, Äcker, Zäune, Grasplätze.

Giftstoffe: s. Wolliges Honiggras.

2.4.2.1.3. Arongewächse – *Araceae*

● **Sumpf-Schlangenwurz** – *Calla palustris* L. (Tafel IIIa)
Schweinsohr, Drachenkraut

Erkennungsmerkmale

Blüten in einem rundlichen Kolben, umgeben von einer breiten, weißen, kronblattartigen Blütenscheide.
Früchte rote Beeren, dicht gedrängt am Kolben.
Blätter breit rundlich-herzförmig, glänzend.
Stengel kriechend.
Pflanzenhöhe: 15—30 cm.
Blütezeit: Mai bis September.

Verbreitung: zerstreut. Sümpfe, Erlenbrüche.

Giftstoffe

Bezeichnung und Eigenschaften: Enthalten ist eine Reihe chemisch noch nicht eindeutig bestimmter Scharfstoffe. Neben den in einkeimblättrigen Pflanzen häufig vorkommenden Saponinen dürften zu diesen Scharfstoffen auch flüchtige, stickstoffhaltige Basen, z. B. das koniinähnliche Alkaloid Aroin (s. Gefleckter Schierling, S. 124), gehören. Zusätzlich sind blausäurehaltige Verbindungen zu finden.

Vorkommen: Die Giftstoffe sind vorwiegend in den Blättern, Beeren und den Wurzelstöcken angereichert.

Beeinflussung des Giftgehaltes: Beim Trocknen – jedoch nicht beim vorsichtigen – entweicht die Blausäure aus ihren Verbindungen.

Wirkung: Die Scharfstoffe wirken ätzend auf die Haut und führen zu Entzündungen der Schleimhäute, z. B. der Mundschleimhaut. Bei Aufnahme großer Substanzmengen kommt es zu Durchfall, Herzanfällen und zur Lähmung des Zentralnervensystems. Auf Grund der geringen Pflanzenverbreitung treten Vergiftungen nur vereinzelt auf. Todesfälle können sich bei Rindern nach dem Weiden und bei Kindern nach dem Genuß der Beeren ereignen.

Behandlung der Vergiftung: Die Gabe von Aktivkohle und viel Flüssigkeit zur Förderung der Giftausscheidung über den Harn erweist sich als günstig.

● **Gefleckter Aronstab** – *Arum maculatum* L. (Abb. 11)
Zehrwurzel, Aronsblume

Erkennungsmerkmale

Blüten in einem violett-braunen Kolben, der von einem bauchigen, weißen Hüllblatt umgeben und dadurch verdeckt wird.

Früchte scharlachrote Beeren, dicht gedrängt am Kolben.

Blätter spieß-pfeilförmig, glänzend, oft braun gefleckt. Blattstiel am Grunde scheidig verbreitert.

Wurzelstock knollig verdickt.

Pflanzenhöhe: 20—24 cm

Blütezeit: Mai bis Juni.

Verbreitung: zerstreut, im Norden selten. Schattige, feuchte Laubwälder und Gebüsche.

Giftstoffe: s. vorige Art.

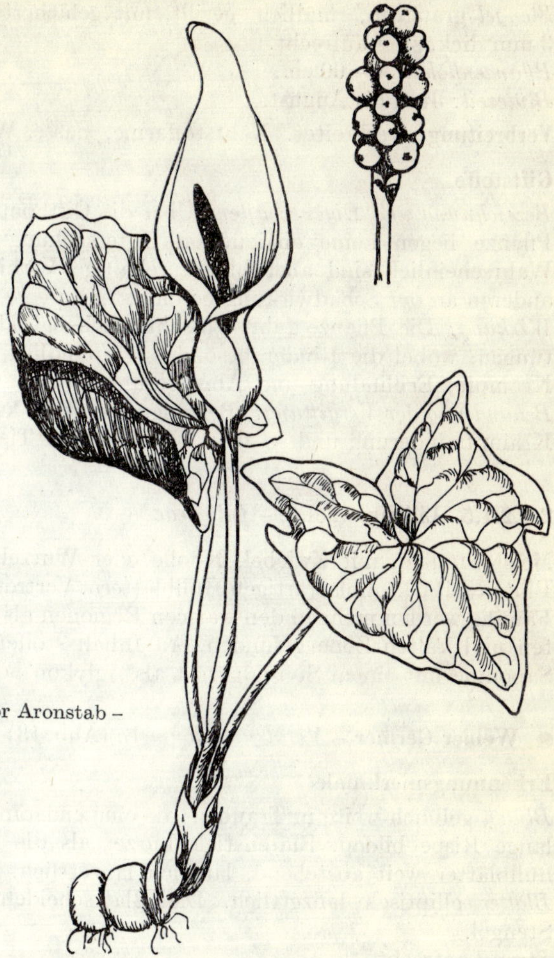

Abb. 11. Gefleckter Aronstab – *Arum maculatum.*

2.4.2.1.4. Binsengewächse – *Juncaceae*

● Blaugrüne Binse – *Juncus inflexus* L. (Abb. 12)

Erkennungsmerkmale

Blüten zahlreich in einem scheinbar seitenständigen Blütenstand.
Früchte stumpfe, stachelspitzige Kapseln.
Blätter grasartig, rundlich, steif.

Stengel graugrün, rundlich, gerillt, mit gefächertem Mark, etwa 3 mm dick, steif aufrecht.
Pflanzenhöhe: 30—60 cm.
Blütezeit: Juni bis August.

Verbreitung: verbreitet. Nährstoffarme, nasse Wiesen, Gräben.

Giftstoffe

Bezeichnung und Eigenschaften: Über die Giftkomponenten dieser Pflanze liegen keine eindeutigen Untersuchungsergebnisse vor. Wahrscheinlich sind aber blausäurehaltige Verbindungen neben anderen an der Schadwirkung beteiligt.
Wirkung: Die Pflanze führt ausschließlich bei Tieren zu Vergiftungen, wobei die Rinder besonders empfindlich sind. Es treten Krämpfe, Erblindung und Abmagerung auf.
Behandlung der Vergiftung: Beruhigungsmittel können zu einer Krampfminderung und so zum Überleben der Tiere führen.

2.4.2.1.5. Liliengewächse – *Liliaceae*

Meist Stauden mit Zwiebel, Knolle oder Wurzelstock. Strahlige Blüten mit 6 kronblattartigen Hüllblättern. Vertreter dieser großen Familie werden mehr in den warmen Regionen als in der gemäßigten und kalten Zone gefunden. An Inhaltsstoffen kommen viele Saponine mit einem Steroidgerüst als Aglykon vor.

● Weißer Germer – *Veratrum album* L. (Abb. 13)

Erkennungsmerkmale

Blüten gelblich-weiß, in Trauben, die eine endständige, 30—60 cm lange Rispe bilden. Blütenstiele kürzer als die Blüten. Blütenhüllblätter weit abstehend, länglich lanzettlich, spitz gezähnelt.
Blätter elliptisch lanzettlich. Die Blattscheiden umhüllen den Stengel.
Stengel aufrecht.
Pflanzenhöhe: 60—120 cm.
Blütezeit: Juli bis August.

Verbreitung: im Hochgebirge verbreitet, feuchte Wiesen und Waldstellen.

Giftstoffe

Bezeichnung und Eigenschaften: Enthalten sind als Hauptalkaloide das zur Steroidgruppe zählende Protoveratrin (Gemisch aus A

und B) und Germerin. Nicht zu den Alkaloiden zählen die Inhaltsstoffe Chelidon (Jerrasäure), Veratrumsäure und Phenole.
Vorkommen: Die Hauptalkaloide sind vorwiegend in den unter-

Abb. 13. Weißer Germer – *Veratrum album.*

Abb. 12. Blaugrüne Binse – *Juncus inflexus.*

irdischen Sprossen und den Wurzeln (etwa 1,2%) enthalten. Aber auch die Blätter weisen Alkaloidgehalte zwischen 0,5 und 1,5% auf. Der Phenolgehalt bleibt auf die Rhizome begrenzt.
Beeinflussung des Giftgehaltes: Der Alkaloidgehalt ist stark von

der Witterung und Jahreszeit abhängig. Je höher der Standort des Germers liegt, desto geringer sind die enthaltenen Alkaloidmengen.

Wirkung: Besonders anfällig sind Kälber, Schafe und Ziegen, aber auch erwachsene Rinder erkranken. Die Tiere zeigen Durchfall, erhöhte Harnausscheidung, Kolik, langsame Atmung, Krämpfe und Lähmung. Schließlich tritt der Tod ein.

Behandlung der Vergiftung: Kohle und gerbsäurehaltige Präparate wirken der Vergiftung entgegen.

Anwendung der Giftstoffe: Früher wurden die Alkaloide zu Giftmorden, als Pfeilgift und äußerlich zur Läusebekämpfung verwendet. Heute besitzen die Rhizome kaum noch arzneiliche Bedeutung.

● **Herbst-Zeitlose** – *Colchicum autumnale* L. (Abb. 14)
Michelsblume, Hundstod

Erkennungsmerkmale

Blüten hell-lilarosa. Einzeln oder zu zweit aus der tief im Boden liegenden Knolle hervorgehend.

Frucht eine 5fächrige Kapsel, erst grün, dann braun, runzlig. Samen mit klebrigen Anhängseln.

Blätter ähnlich den Tulpenblättern, im Frühjahr gleichzeitig mit den Früchten erscheinend.

Pflanzenhöhe: bis 40 cm, Blüten 5—20 cm.

Blütezeit: September bis Oktober, Fruchtreife Juni.

Verbreitung: im Süden verbreitet, im Norden selten. Feuchte Wiesen.

Giftstoffe

Bezeichnung und Eigenschaften: Enthalten sind das Alkaloid Kolchizin sowie die hieraus nach Lichteinwirkung entstehende Chelidonsäure (Luteofilin).

Vorkommen: Der höchste Alkaloidgehalt liegt mit bis zu 1,8 % in der Blüte vor. Die Samen enthalten bis zu 0,5%, die Knollen bis zu 0,2 % und die Blätter bis zu 0,03 % Kolchizin.

Beeinflussung des Giftgehaltes: Die Giftwirkung des Kolchizins geht durch Trocknung (Heu) nicht verloren. Während der gesamten Vegetationsperiode schwankt der Alkaloidgehalt in der Pflanze. Je reifer die Samen sind, je höher ist der Alkaloidgehalt. Dagegen nimmt er ab mit zunehmender Höhe des Standorts der Pflanzen.

Wirkung: Tiervergiftungen kommen vorwiegend im Frühjahr durch die Samenaufnahme und im Herbst durch die Blütenaufnahme vor. Pferd und Schwein sind weitaus gefährdeter als Rind und Schaf. Das erst mehrere Stunden nach der Aufnahme

Abb. 14. Herbst-Zeitlose – *Colchicum autumnale* Blüte, Frucht und Knolle.

giftig wirkende Kolchizin führt zu Appetitlosigkeit, Erbrechen, blutigem Durchfall, Bewußtlosigkeit und Lähmung. Infolge Atmungslähmung tritt bei etwa 50% der erkrankten Tiere der Tod nach etwa 3 Krankheitstagen ein. Selbst wenn die Tiere keine

Vergiftungserscheinungen zeigen, wird das Kolchizin mit der Milch ausgeschieden und führt so vor allem bei Kindern zu Schäden. Kinder verzehren aber bisweilen auch die reifen Samen.

Behandlung der Vergiftung: Eine Behandlung ist schwierig und sollte umgehend vom Arzt bzw. Tierarzt eingeleitet werden. Zuvor ist jedoch ein Erbrechen durch Trinken 10%iger warmer Kochsalzlösung anzustreben.

Anwendung der Giftstoffe: Das als Zellgift wirkende Kolchizin führt zu einer Vervielfachung des Chromosomensatzes (Polyploidie) bei Gemüsepflanzen und Getreidearten, wodurch u. a. die gewünschten Ertragssteigerungen bedingt sind. Kolchizin wird ferner gegen akute Gichtanfälle angewandt.

● **Küchenzwiebel** – *Allium cepa* L.
Bolle

Erkennungsmerkmale

Blüten grünlich-weiß in kugeligen Dolden, vor dem Aufblühen mit einer häutigen Scheide überzogen.

Stengel und Blätter röhrig, blaugrau, unter der Mitte bauchig aufgeblasen, am Grunde die Zwiebel.

Pflanzenhöhe: 60—120 cm.

Blütezeit: Juni bis August.

Verbreitung: Kulturpflanze.

Giftstoffe

Bezeichnung und Eigenschaften: Vorwiegend ist ein ätherisches Öl zu finden, das u. a. Rhodan enthält, daneben chemisch unbekannte herzwirksame Substanzen und Chelidonsäure. Der Nachweis eines Alkaloids ist nicht eindeutig.

Vorkommen: Die Wirkstoffe sind hauptsächlich in der Zwiebel zu finden.

Wirkung: Die Verfütterung großer Zwiebelmengen führt besonders bei Rindern und Pferden zu Blutarmut (Anämie) und Gelbsucht (Ikterus). Bei ungünstigem Krankheitsverlauf treten Todesfälle auf, das Fleisch ist dann meist ungenießbar.

Behandlung der Vergiftung: Absetzen der Zwiebelfütterung.

Anwendung der Giftstoffe: Neben der blutzuckersenkenden Wirkung ist Zwiebelsaft noch als Hustensaft bekannt.

● **Salomonssiegel** – *Polygonatum odoratum* (Mill.) Druce (Tafel IIIb)
Wenigblütige Weißwurz, Schminkwurz

Erkennungsmerkmale

Blüten weiß, glockig mit 6 grünen Zipfeln, zu 1—2 an einem Stiel in den Blattachseln hängend.
Frucht eine dunkelblau-violette Beere.
Blätter zweizeilig am Stengel angeordnet.
Stengel aufrecht, oben überhängend, kantig. Der absterbende Stengel hinterläßt jedesmal einen siegelartigen Eindruck am Wurzelstock. Pflanze der Maiblume ähnlich.
Pflanzenhöhe: 15—45 cm.
Blütezeit: Mai bis Juni.

Verbreitung: Zerstreut. Trockene lichte Wälder.

Giftstoffe

Bezeichnung und Eigenschaften: Es kommen Saponine und Glykoside mit digitalisähnlicher Wirkung (s. Roter Fingerhut, S. 149) vor.
Vorkommen: Die Inhaltsstoffe sind besonders in den Samen zu finden.
Wirkung: Das Essen der Beeren kann bei Kindern zu Todesfällen führen.

● **Maiglöckchen** – *Convallaria majalis* L. (Tafel IVa)
Maiblume. Geschützt!

Erkennungsmerkmale

Blüten weiß, halbkugelig glockig mit zurückgebogenen Zipfeln, in einseitswendigen, nickenden Trauben.
Frucht eine rote, erbsengroße Beere mit 2 blauen Samen.
Blätter zu 2—3 an der Spitze des verzweigten Wurzelstocks. Blätter nach unten in einen langen Stiel verschmälert.
Pflanzenhöhe: 15—20 cm.
Blütezeit: Mai bis Juni.

Verbreitung: verbreitet, im Norden zerstreut. Laubwälder, Gebüsche.

Giftstoffe

Bezeichnung und Eigenschaften: Enthalten sind die Glykoside Konvallatoxol und das bitter schmeckende Gemisch Konvallamarin (u. a. bestehend aus Konvallatoxin und Konvallosid), das nicht bitter schmeckende Steroid-Saponin-Gemisch Konvallarin (u. a. Konvallamarogenin enthaltend) und Chelidonsäure (s. Herbst-Zeitlose).

Vorkommen: Das Konvallamarin befindet sich hauptsächlich in den Blüten (bis zu 0,4 %), daneben in Blättern und Wurzeln. Ähnlich ist die Verteilung des Konvallarins.

Beeinflussung des Giftgehaltes: Der Gehalt an Konvallamarin schwankt stark mit der Jahreszeit. Die Glykoside und Saponine werden durch den Trocknungsvorgang wenig beeinflußt.

Wirkung: Während das Konvallarin ähnlich herzwirksam wie die Digitalis-Glykoside ist (s. Roter Fingerhut, S. 149), führen die Steroidsaponine des Konvallarins zur Reizung der Verdauungswege und zu Durchfall. Vergiftungen ereignen sich besonders bei Gänsen und Enten nach der Pflanzenaufnahme, beim Menschen vorwiegend nach der Beerenaufnahme durch Kinder und evtl. durch Trinken des Wassers aus Blumenvasen.

Behandlung der Vergiftung: Abführmittel und Kohle.

Anwendung der Giftstoffe: Zur Behandlung länger anhaltender Herzerkrankungen, z. B. bei älteren Menschen, wobei dem Konvallatoxol der Vorzug vor dem Konvallatoxin zu geben ist.

● **Vierblättrige Einbeere** – *Paris quadrifolia* L. (Tafel IVb)
Wolfsbeere, Pestbeere, Sauauge

Erkennungsmerkmale

Blüte grün, endständig. 8 oder 10 lineal-pfriemlige Blumenkronblätter. Kelchblätter lanzettlich.

Frucht eine schwarzblaue, kugelige Beere, kirschgroß.

Blätter zu 4, quirlständig genähert, netznervig, verkehrt eirund, zugespitzt.

Pflanzenhöhe: 15—30 cm.

Blütezeit: Mai bis Juni.

Verbreitung: zerstreut, im Süden verbreitet. Feuchte, schattige Laubwälder.

Giftstoffe

Bezeichnung und Eigenschaften: Enthalten sind Paridin und Paristphrin, die ähnlich den Saponinen gebaut sind.

Vorkommen: Die Substanzen sind vorwiegend in den Wurzeln und Beeren enthalten.

Wirkung: Vergiftungen sind sehr selten. Sie äußern sich in Erbrechen und Durchfall. Solche Fälle ereigneten sich u. a. beim Menschen nach Aufnahme der Beeren (trotz des unangenehmen Geschmacks Verwechslung mit Heidelbeeren!) und beim Geflügel.
Behandlung der Vergiftung: Verabreichen von Abführmitteln.

2.4.2.1.6. Amaryllisgewächse – *Amaryllidaceae*

● **Weiße Narzisse** – *Narcissus poeticus* L. (Tafel Va)
Dichternarzisse, Sternblume. Geschützt!

Erkennungsmerkmale

Blüten weiß, Krone röhrig verwachsen mit 6zipflig ausgebreitetem Saum. Innen eine Nebenkrone mit gewelltem, rötlichem Rand. Blüten einzeln.
Blätter grundständig, aufrecht, linealisch. Pflanze mit Zwiebel.
Pflanzenhöhe: 20—50 cm.
Blütezeit: April bis Mai.

Verbreitung: selten. Bergwiesen. Häufig als Zierpflanze.

Giftstoffe

Bezeichnung und Eigenschaften: Zahlreiche Alkaloide wie Narzissin und Narzipoetin kommen vor.
Wirkung: Vereinzelt treten Vergiftungen bei Mensch, Rind, Ziege und Schwein auf. Die Zwiebeln haben bei Rindern auch zu Todesfällen unter Krämpfen geführt.
Behandlung der Vergiftung: Kohle und Abführmittel.

● **Gelbe Narzisse** – *Narcissus pseudonarcissus* L. (Tafel Vb)
Osterblume, Osterglocke. Geschützt!

Erkennungsmerkmale

Blüten gelb. Blumenkrone tellerförmig, 6zipflig. Nebenkrone dottergelb, walzig mit gekerbtem Saum.
Blätter grundständig, linealisch, flachrinnig, etwa 1 cm breit. Von einer braunen Zwiebel ausgehend.
Pflanzenhöhe: 15—30 cm.
Blütezeit: März bis April.

Verbreitung: selten. Bergwiesen, Gebüsche. Zierpflanze.

Giftstoffe: s. vorige Art.

2.4.2.1.7. Schwertliliengewächse – *Iridaceae*

Meist Zierpflanzen, einige Vertreter Heilpflanzen. Anreicherung von Gerbstoffen.

● **Wasser-Schwertlilie** – *Iris pseudacorus* L. (Tafel VIa)
Teichlilie, falscher Kalmus

Erkennungsmerkmale

Blüten leuchtend gelb, in den Achseln der oberen Blätter. Vor dem Aufblühen von 2 scheidigen Hochblättern umgeben. Die 3 äußeren Blumenkronblätter nach außen umgeschlagen, die 3 inneren aufrecht stehend. Die 3 Griffeläste blumenblattartig.

Frucht eine 3 fächrige Kapsel mit braunen Samen.

Blätter breit schwertförmig.

Pflanzenhöhe: 60–100 cm.

Blütezeit: Mai–Juni.

Verbreitung: verbreitet. Ufer, Gräben, Sümpfe.

Giftstoffe

Bezeichnung und Eigenschaften: Neben dem Glykosid Iridin sind weitere giftige Stoffe mit bisher chemisch unbekannter Struktur enthalten, ferner die Farbstoffe Delphinidin und Zyanidin (leiten sich vom Anthozyan und damit von den Flavonfarbstoffen ab) sowie Gerbstoffe.

Vorkommen: Iridin ist besonders in Blättern und Stengeln enthalten.

Beeinflussung des Giftgehaltes: Der Wirkstoff bleibt auch im Heu unverändert.

Wirkung: Bei Tieren treten schwere blutige Durchfälle auf, die bei langer Dauer zum Tode führen können.

Behandlung der Vergiftung: Das Schwertlilien enthaltende Futter ist sofort abzusetzen.

2.4.2.2. Zweikeimblättrige Pflanzen – *Dicotyledonopsida*

Kräuter oder Gehölze. Keimling mit 2 Keimblättern. Meist Blätter netznervig, Blütenteile 4- oder 5zählig. An Inhaltsstoffen sind Alkaloide, Glykoside und Saponine weit verbreitet.

2.4.2.2.1. Buchengewächse – *Fagaceae*

● **Rot-Buche** – *Fagus sylvatica* L.

Erkennungsmerkmale

Blüten eingeschlechtlich, männliche in Kätzchen, weibliche zu 2 in gestielten Köpfchen. Pflanze einhäusig.
Früchte Bucheckern, scharf dreikantig, glänzend braun, zu 2—3 in holzigen, bräunlichen, weichstachligen Fruchtbechern.
Blätter oberseits glänzend, wechselständig, spitzeiförmig mit welligem Rand.
Stamm mit glatter grauer Rinde.
Pflanzenhöhe: 40—50 m hoch werdender Baum.
Blütezeit: Mai.

Verbreitung: gemein. Waldbaum, besonders in feuchtem Klima.

Giftstoffe

Bezeichnung und Eigenschaften: An toxischen Inhaltsstoffen werden Fagin, Vitamin B zerstörende Substanzen, Phenolkarbonsäuren wie Vanillin- und Ferulasäure sowie lösliche und unlösliche Oxalsäure gefunden. Demgegenüber sind Gerbstoffe, Saponine und Alkaloide in äußerst geringer Konzentration vorhanden, oder sie fehlen überhaupt.
Vorkommen: Besonders in den Bucheckern und den für die Tierernährung verwendeten stark entölten Bucheckernkuchen kommen die giftig wirkenden Substanzen vor.
Wirkung: Die Ansichten über die Giftwirkung der Bucheckern bzw. -kuchen widersprechen sich. Wenn aber Vergiftungen auftreten, dann äußern sie sich in Verätzungen, Reizungen und Krämpfen. Unter den Haustieren reagieren Pferde und Kälber am empfindlichsten auf die Inhaltsstoffe. Eine fünfköpfige Familie erkrankte nach dem Genuß von Kuchen, der mit Bucheckernmehl zubereitet war.
Behandlung der Vergiftung: Gaben von Abführmitteln und Vitamin B erweisen sich als günstig.

● **Stiel-Eiche** – *Quercus robur* L.
Sommer-Eiche

Erkennungsmerkmale

Blüten eingeschlechtlich, männliche in Kätzchen, weibliche in Näpfchen.

Frucht eine Eichel, die in einem 3—8 cm lang gestielten Fruchtbecher sitzt.
Blätter sehr kurz gestielt, gelappt, am Grunde annähernd herzförmig.
Stamm mit knorrigen Ästen. Borke graubraun, rissig.
Pflanzenhöhe: bis 40 m hoch werdender Baum
Blütezeit: Mai.

Verbreitung: verbreitet. Waldbaum.

Giftstoffe

Bezeichnung und Eigenschaften: An giftig wirkenden Inhaltsstoffen sind Gerbstoffe, der Bitterstoff Querzit und geringe Mengen ätherischer Öle nachgewiesen worden.
Vorkommen: Vorwiegend die grünen Eicheln und jungen Blätter enthalten bis zu 8 % Gerbsäure, aber auch die Knospen sind mit den toxisch wirkenden Substanzen angereichert.
Wirkung: Meist wenige Tage nach der Eichel- bzw. Eichenblattaufnahme treten apathisches Verhalten, Verstopfungen, später dann blutiger Durchfall und verstärkte Harnabsonderung auf. Rinder und Pferde sind besonders gefährdet. Selbst ein Eimer grüner Eicheln, verfüttert über einen Zeitraum von 4 Tagen, kann zur Giftwirkung führen. Da die Milch der mit Eicheln gefütterten Kühe stark bitter schmeckt, müssen die Eicheln, wenn in geringer Menge verfüttert, 2 Tage mit Wasser entbittert werden. Dabei ist das Wasser etwa 3mal täglich zu erneuern. Schweine sind gegenüber Eicheln besonders widerstandsfähig.
Behandlung der Vergiftung: Die Verabreichung öliger Abführmittel, von Leinsamenschleim und Milch sind günstig.

● **Trauben-Eiche** – *Quercus petraea* (Matt.) Liebl.
Winter-Eiche

Erkennungsmerkmale

Ähnlich wie vorige Art, jedoch:
Frucht eine Eichel, die in einem sehr kurz gestielten Becher sitzt.
Blätter am Grunde keilig in den Stiel laufend.
Stamm meist schlanker als vorige Art, Krone regelmäßiger.

Verbreitung: Waldbaum. Felsige Abhänge.

Giftstoffe: s. vorige Art.

Abb. 15. Aufrechte Osterluzei –
Aristolochia clematitis.

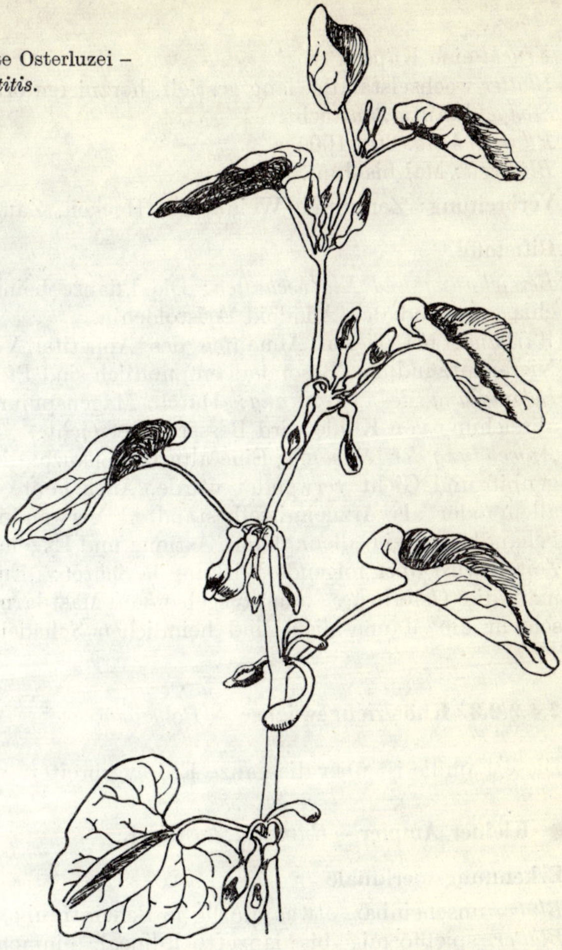

2.4.2.2.2. Osterluzeigewächse – *Aristolochiaceae*

Die meisten Vertreter dieser Familie sind in den Tropen und Subtropen verbreitet. Vorwiegend sind ätherische Öle und organische Nitroverbindungen enthalten.

● **Aufrechte Osterluzei** – *Aristolochia clematitis* L. (Abb. 15)

Erkennungsmerkmale

Blüten schmutzig gelb, bis zu 7 in den Blattwinkeln. Verwachsenblättrige, gerade Kronröhre, unten kugelig erweitert.

Frucht eine Kapsel.
Blätter wechselständig, lang gestielt, herznierenförmig.
Stengel krautig, aufrecht.
Pflanzenhöhe: 30—100 cm.
Blütezeit: Mai bis Juni.

Verbreitung: Zerstreut. Weinberge, Hecken, Zäune.

Giftstoffe

Bezeichnung und Eigenschaften: Die Pflanze beinhaltet Aristolochiasäure und das Alkaloid Aristolochin.
Wirkung: bei Tieren Abnahme des Appetits, Verstopfung und Nierenentzündung. Besonders empfindlich sind Pferde.
Behandlung der Vergiftung: Durch Magenspülungen und Verabreichung von Kohle wird Besserung erreicht.
Anwendung der Giftstoffe: Eine alte Heilpflanze, die gegen Schlangenbiß und Gicht verwendet wurde. Auch heute findet sie noch allein oder als Arzneimittelbestandteil Verwendung zur Wundbehandlung, bei Gallenkoliken, Asthma und Ekzemen. In früheren Zeiten wird über folgende Wirkung berichtet: „Euserlich braucht man die Osterluzey zum ausgehenden Mastdarm, Fisteln, Geschwür am Mannesglied, und heimlichen Schäden.“

2.4.2.2.3. Knöterichgewächse – *Polygonaceae*

Diese Familie ist über die ganze Erde verbreitet.

● Kleiner Ampfer – *Rumex acetosella* L.

Erkennungsmerkmale

Blüten unscheinbar, etwas quirlig in Scheintrauben.
Blätter spießförmig bis lanzettlich-lineal, einfach oder geteilt, wie der Stengel oft rot überlaufen.
Stengel aufrecht, einfach oder verzweigt, Geselliges Vorkommen.
Pflanzenhöhe: 5—25 cm.
Blütezeit: Mai bis August.

Verbreitung: gemein. Trockene Wiesen, Bahndämme, Sandfelder, Äcker, Kahlschläge.

Giftstoffe

Bezeichnung und Eigenschaften: An giftigen Substanzen kommen freie Oxalsäure und u. a. an Kalium gebundene Oxalsäure (Kaliumoxalate) vor, daneben Anthrachinone und Naphthalinabkömmlinge.

Vorkommen: Die Blätter enthalten vorwiegend bis zu 1,5% gebundene und über 1% freie Oxalsäure, während die übrigen Substanzen hauptsächlich in den Wurzeln angereichert sind.

Wirkung: Besonders anfällig sind Schafe, nach Aufnahme größerer Mengen treten sogar Todesfälle auf. Demgegenüber sind Rinder widerstandsfähiger. Kinder zeigen nach dem Essen vieler Blätter Erbrechen und Durchfall, einmal traten nach einem Wettessen auch Todesfälle auf. Nach dem Eindringen freier Oxalsäure in die Blutbahn wird bei Mensch und Tier der Kalziumgehalt erniedrigt. Diese verminderte Kalziummenge führt zur Verlängerung der Blutgerinnungszeit und zu Kreislaufschäden.

Behandlung der Vergiftung: Neben einer Beseitigung der Ampfermengen aus den Verdauungsorganen ist Kalzium beim Tier z. B. in Form von gelöschtem Kalk (in Wasser aufgeschwemmt), beim Menschen in Form von Kreide zu geben.

● **Sauer-Ampfer** – *Rumex acetosa* L.
Großer Ampfer, Französischer Spinat

Erkennungsmerkmale

Blüten klein, grünlich, eingeschlechtlich, in lockeren Rispen. Blütenhülle 6blättrig, bei der Fruchtreife rot gefärbt.

Frucht eine 3kantige, dunkelbraune Nuß. Umschließendes Blütenhüllblatt flügelartig.

Blätter wechselständig, pfeil- oder spießförmig, die unteren lang- und die oberen kurz gestielt oder sitzend. Am Grunde eine häutige, geschlitzte Tute. Blätter mit säuerlichem Geschmack.

Stengel bis zu den Blütenrispen unverzweigt.

Pflanzenhöhe: 30—100 cm.

Blütezeit: Mai bis Juli.

Verbreitung: gemein. Wiesen, Wegränder, Grasplätze, Wälder.

Giftstoffe: s. vorige Art

● **Floh-Knöterich** – *Polygonum persicaria* L. (Tafel VIb)

Erkennungsmerkmale

Blüten rot, rosa, weiß oder grünlich, in dichten Scheinähren, walzig.

Frucht eine schwarzglänzende, linsenförmige Nuß, etwa 2,5 mm breit.

Blätter lanzettlich, auf der Oberfläche oft schwarz gefleckt.

Stengel aufrecht oder niederliegend, meist ästig. Tuten röhrig, lang gewimpert.
Pflanzenhöhe: 20—80 cm.
Blütezeit: Juli bis Oktover.
Verbreitung: gemein. Feuchte Äcker, Wegränder, Schutt, Gräben.

Giftstoffe

Bezeichnung und Eigenschaften: Alle aufgeführten Knöterich-Arten enthalten verschiedene, z. T. noch nicht näher bekannte Scharfstoffe sowie eine zu Leberschäden führende Komponente. Auch fagopyrinähnliche Stoffe werden gefunden.
Wirkung: Ernsthafte Vergiftungen sind bei Tieren nicht beobachtet worden, sondern je nach aufgenommener Pflanzenmenge unterschiedlich verlaufende Magen-Darm-Entzündungen und Reizungen der Harnwege.
Behandlung der Vergiftung: Magenspülungen, Brechmittel, Milch und Kohleaufschwemmungen.

● **Pfeffer-Knöterich** – *Polygonum hydropiper* L.
Wasser-Pfeffer

Erkennungsmerkmale

Blüten grün, unscheinbar, in locker überhängenden Scheinähren.
Blätter länglich lanzettlich, beiderseits verschmälert, wechselständig. Geschmack scharf.
Stengel aufrecht, verästelt.
Pflanzenhöhe: 30—50 cm.
Blütezeit: Juli bis September.
Verbreitung: verbreitet. Feuchte Waldstellen, Gräben, Ufer.
Giftstoffe: s. Floh-Knöterich.

● **Winden-Knöterich** – *Polygonum convolvulus* L.

Erkennungsmerkmale

Blüten grünlich-weißlich, in endständigen, armblütigen Scheinähren.
Frucht 4—5 mm lang, schwarz, glanzlos, von der Blütenhülle dicht umschlossen.
Blätter pfeilförmig, gestielt, vorn zugespitzt; dagegen Acker-Winde mit vorn abgerundeten Blättern und großen weiß-rosa Blüten.
Stengel windend, meist auf dem Erdboden kriechend, kantig.

Pflanzenhöhe: 15—100 cm.
Blütezeit: Juli bis Oktober.

Verbreitung: gemein. Äcker, Mauern.

Giftstoffe

Bezeichnung und Eigenschaften: Enthalten sind Naphthaline (z. B. Emodin) und Flavonoide (Rutin); sonst s. Floh-Knöterich.

Echter Buchweizen – *Fagopyrum esculentum* Moench (Abb. 16)
Heidekorn, Heidegrütze

Erkennungsmerkmale

Blüten weiß-rosa-rot, in Scheintrauben, Blütenhülle 3—4 mm.
Frucht 4—6 mm, kastanienbraun, 3seitig kantig, zuerst glänzend, später glanzlos.
Blätter herzpfeilförmig, zugespitzt. Untere lang gestielt, obere fast sitzend.
Stengel aufrecht, wenig verzweigt, zuletzt rot.
Pflanzenhöhe: 15—60 cm.
Blütezeit: Juli bis Oktober.

Verbreitung: stellenweise als Kulturpflanze angebaut. Verwildert auf Schutt, Äckern, Kahlschlägen.

Giftstoffe

Bezeichnung und Eigenschaften: Enthalten ist Fagopyrin, das in das Hyperizin des Tüpfel-Hartheus (s. dort) verwandelt werden kann. Außerdem kommt ein weiterer giftiger, chemisch unbekannter Stoff vor.

Vorkommen: Fagopyrin ist vorwiegend in den Blütenblättern und Samenschalen angereichert.

Wirkung: Das Fagopyrin ruft bei Tieren den Fagopyrismus hervor, eine Lichtkrankheit mit gleichen Krankheitserscheinungen, wie sie beim Tüpfel-Hartheu beschrieben sind (s. S. 119). Zusätzlich führt die chemisch unbekannte Substanz zu Leberschäden.

Behandlung der Vergiftung: s. Tüpfel-Hartheu.

Abb. 16. Echter Buchweizen – *Fagopyrum esculentum.*

2.4.2.2.4. Gänsefußgewächse – *Chenopodiaceae*

● **Futter-Rübe** – *Beta vulgaris* L. var. *rapa*
Runkel-Rübe

Erkennungsmerkmale

Blüten bleichgrün, zu 4—5 in kleinen Knäueln, diese in rispigen Blütenständen.
Frucht eine Scheinfrucht, von der verhärteten Blütenhülle umgeben. 4—5 mm breit, einsamig.

Blätter grundständig, rosettenartig, lang gestielt, stumpf herzförmig oder in den Blattstiel zusammengezogen.
Wurzel dickfleischig, spindel- oder rübenförmig, saftig, z. T. aus dem Boden ragend. Rötlich-gelbe Farbe.
Pflanzenhöhe: 50—100 cm.
Blütezeit: Juli bis September (zweijährig).

Verbreitung: Kulturpflanze.

Giftstoffe

Bezeichnung und Eigenschaften: An schädlichen Inhaltsstoffen sind die Saponine, Oxalsäure und u. U. viel Nitrat (Verbindung aus Stick- und Sauerstoff) zu nennen. Aber auch der hohe Zuckergehalt, der in der Futter-Rübe bis zu 10 % und in der Zucker-Rübe durchschnittlich 16 % beträgt, kann bei Tieren zu Vergiftungen führen.
Vorkommen: Oxalsäure und Saponine enthalten vorwiegend die Blätter der Futter- und Zucker-Rüben.
Wirkung: Ganze Rüben, Rübenblatt und -köpfe können in schweren Fällen („Rübenblattvergiftungen") zu Schädigungen in Verdauungsorganen, in der Leber und im Blut mit Todesfolgen führen. Bei weniger schwerer Vergiftung kommt es zum Durchfall („Rübenblattdurchfall"). Wenn viel Nitrat in den Rüben vorliegt, führt dieses durch weiteren Umbau (Nitrit) zu einer schlechten Sauerstoffversorgung des Blutes. Der hohe Zuckergehalt der Rüben kann bei einseitiger Rübenfütterung zu einer Übersäuerung des Pansens bei Rindern und Schafen infolge starker Milchsäurebildung führen. Das Wiederkäuen hört auf, Durchfall und erhöhter Puls sowie verstärkte Atmung können in schweren Fällen zum Tode führen.
Behandlung der Vergiftung: Anstelle der Rüben ist Heu zu verfüttern. Bei der „Zuckervergiftung" ist eine Heilwirkung durch häufiges Verabreichen jeweils kleinerer Wassermengen zu erzielen.

● **Zucker-Rübe** – *Beta vulgaris* L. var. *altissima*

Erkennungsmerkmale

Wie vorige Art, jedoch: Wurzel weiß, zuckerreich, nur wenig aus dem Boden ragend.

Verbreitung: Kulturpflanze.

Giftstoffe: s. vorige Art.

2.4.2.2.5. Nelkengewächse – *Caryophyllaceae*

Kräuter mit knotigen Stengeln und kreuzgegenständigen Blättern. Verbreitung vorwiegend in gemäßigtem Klima. Die stark saponinhaltigen Pflanzen sind giftig.

● **Korn-Rade** – *Agrostemma githago* L.

Erkennungsmerkmale

Blüten purpurrot mit dunklen Adern, 3—4 cm breit. Kelchzipfel laubblattartig, die Blumenkronblätter weit überragend.
Samen schwarz, nierenförmig, warzig.
Blätter linealisch, spitz, anliegend grau zottig behaart.
Stengel aufrecht, oben gabelspaltig, ästig.
Pflanzenhöhe: 30—100 cm.
Blütezeit: Juni bis Juli.
Verbreitung: zerstreut. Getreidefelder.

Giftstoffe

Bezeichnung und Eigenschaften: Hauptwirkstoff ist das Saponin Githaginglykosid mit einem Steroid als Aglykon.
Vorkommen: Die Saponine sind vorwiegend in reifen Samen (5 bis 7 %) und trockenen Wurzeln angereichert.
Wirkung: Beobachtet werden Entzündungen der Verdauungsorgane, Kolik, Durchfall, zunehmendes Auflösen (Hämolyse) der roten Blutkörperchen, Lähmungen im Zentralnervensystem, und in schweren Fällen tritt der Tod infolge Herzstillstand ein. Betroffen werden Pferde, aber auch Schweine, Rinder, Kaninchen; dagegen verträgt Geflügel vergleichsweise große Mengen an Saponinen. Stets sind junge Tiere empfindlicher. Beim Menschen traten in früheren Zeiten Vergiftungen nach dem Verzehr von Mehl auf, das aus Rade-Samen enthaltendem Getreide gemahlen wurde. Infolge intensiver Saatgutreinigung ist bei uns in der DDR keine starke Verunreinigung des Mehls mit Korn-Rade zu befürchten.
Behandlung der Vergiftung: Entfernen der Korn-Rade-Teile aus den Verdauungsorganen.

● **Echtes Seifenkraut** – *Saponaria officinalis* L. (Tafel VIIa)

Erkennungsmerkmale

Blüten weiß-rosa, büschelig gehäuft. 5 Blumenkronblätter mit kleiner Nebenkrone. Kelch blaßgrün, verwachsen.

Frucht eine Kapsel mit 4 Zähnen. Samen schwarzbraun, nierenförmig bis kugelig.
Blätter lanzettlich, spitz, in einen kurzen Stiel verschmälert, 3nervig.
Stengel aufrecht.
Pflanzenhöhe: 30—70 cm.
Blütezeit: Juli bis September.

Verbreitung: zerstreut. Wegränder, Hecken, Zäune, Bahndämme.

Giftstoffe

Bezeichnung und Eigenschaften: Das Hauptsaponin ist das Gypsogenin, daneben kommt noch Saponarin vor.
Vorkommen: vorwiegend in den unterridischen Sproßausläufern.
Wirkung: Reizungen im Magen-Darm-Kanal. Da nur geringe Saponinmengen vom Darm aufgenommen werden, kommt es auch nur zur Auflösung weniger roter Blutkörperchen. Ernste Vergiftungen sind daher selten.
Behandlung der Vergiftung: Abführmittel.
Anwendung der Giftstoffe: Früher fanden die roten Wurzeln als Waschmittel Verwendung (Saponine schäumen stark).

2.4.2.2.6. Hahnenfußgewächse – *Ranunculaceae*

● **Sumpf-Dotterblume** – *Caltha palustris* L. (Tafel VIIb)
Eierblume, Schmerblume

Erkennungsmerkmale

Blüten gelb, etwa 4 cm breit; 5 glänzende Blumenkronblätter, zahlreiche Staubblätter. Kugelige Blütenknospen, außen grün.
Frucht eine Balgfrucht.
Blätter herznierenförmig, die unteren lang, die oberen kurz gestielt, dunkelgrün, fettig glänzend, fleischig.
Stengel dick, hohl, aufsteigend.
Pflanzenhöhe: 15—30 cm.
Blütezeit: April bis Juni.

Verbreitung: gemein. Sumpfige Wiesen, Gräben.

Giftstoffe

Bezeichnung und Eigenschaften: Enthalten sind das gelbe, flüchtige Öl Protoanemonin, das aus dem Glykosid Ranunkulin entsteht, und Saponine.

Beeinflussung des Giftgehaltes: Die Giftwirkung geht beim Trocknen der Pflanzen verloren.
Wirkung: Wegen des scharf schmeckenden Öls wird die Pflanze nicht oder nur in geringen Mengen von Tieren gefressen. Vergiftungen bei Schafen und Ziegen äußern sich in gleichen Erscheinungen wie bei den Kuhschellen-Arten (s. S. 73). Auch beim Menschen sind nach dem Verzehr der Blätter als Salat Erkrankungen aufgetreten.
Behandlung der Vergiftung: s. Kuhschelle.

● **Schwarze Nieswurz** – *Helleborus niger* L. (Tafel VIIIa)
Schneerose, Christrose

Erkennungsmerkmale

Blüten weiß, außen oft rötlich, flach ausgebreitet.
Blätter handförmig 7—9teilig, ledrig, lang gestielt, grundständig.
Stengel blattlos, nur mit 2—3 eiförmigen Deckblättern.
Wurzelstock schwarzbraun.
Pflanzenhöhe: 15—30 cm.
Blütezeit: Dezember bis März.

Verbreitung: selten, nur Alpen. Häufig als Zierpflanze.

Giftstoffe

Bezeichnung und Eigenschaften: Vorwiegend liegt das Glykosid Hellebrin vor, in geringen Mengen auch das Saponin Helleborin (digitalisähnliche Wirkung, s. S. 149).
Beeinflussung des Giftgehaltes: Die Giftwirkung geht durch Trocknung (Heu) nicht verloren.
Wirkung: Infolge seltenen Vorkommens der Pflanze treten kaum Vergiftungen auf. Betroffen werden können Pferde, Schafe und Rinder. Diese scheiden die Gifte mit der Milch aus, die beim Menschen zu Erkrankungen des Nervensystems führt. Ansonsten ruft bei den genannten Tierarten das herzwirksame Hellebrin ähnlich dem Digitalis-Wirkstoff schwere Durchfälle und Lähmung des Herzens hervor; das Helleborin verursacht Durchfall und Lähmung des Zentralnervensystems. Nach der Aufnahme von Samen erkrankten Kinder schwer.
Behandlung der Vergiftung: Entfernung aus dem Magen-Darm-Kanal durch Abführmittel.
Anwendung der Giftstoffe: als Herzmittel gemeinsam mit anderen Komponenten.

● **Feld-Rittersporn** – *Delphinium consolida* L.
Hafergiftblume

Erkennungsmerkmale

Blüten blau, in lockeren armblütigen Trauben. Helmartig verwachsene Blumenkronblätter mit langem Sporn.
Blätter in schmal linealische Abschnitte geteilt.
Pflanzenhöhe: 20—24 cm.
Blütezeit: Mai bis August.

Verbreitung: verbreitet auf kalkhaltigen Äckern.

Giftstoffe

Bezeichnung und Eigenschaften: Neben dem Hauptalkaloid Delphin kommen noch weitere Nebenalkaloide vor.
Wirkung: Größere Mengen wirken sich besonders bei Rindern schädlich aus. Diese zeigen Speichelfluß und Bewegungsstörungen. In schweren Fällen sterben die Tiere an Atmungslähmungen.
Behandlung der Vergiftung: Sofortiges Erbrechen der aufgenommenen Pflanzenteile. Geringer Behandlungserfolg.

● **Blauer Eisenhut** – *Aconitum napellus* L. (Tafel VIIIb)
Mönchskappe, Venuswagen, Sturmhut. Geschützt!

Erkennungsmerkmale

Blüten blauviolett, in aufrechten dichten Trauben. Das oberste Blumenkronblatt helmartig, breiter als hoch, die übrigen 4 paarweise darunter.
Frucht eine mehrsamige Balgfrucht.
Blätter tief handförmig geteilt, mit 3 zipfligen Abschnitten.
Stengel aufrecht.
Pflanzenhöhe: 50—150 cm.
Blütezeit: Juni bis August.

Verbreitung: zerstreut, nur im Gebirge. Wälder, Bachufer. Zierpflanze.

Giftstoffe

Bezeichnung und Eigenschaften: Das Hauptalkaloid Akonitin, das neben verschiedenen Nebenalkaloiden enthalten ist, zählt zu den Esteralkaloiden.
Vorkommen: hauptsächlich die Wurzel, aber auch die übrigen Pflanzenteile enthalten giftig wirkende Alkaloidkonzentrationen.

Beeinflussung des Giftgehaltes: Während der Blütezeit enthält die Pflanze den geringsten Alkaloidgehalt, im Winter den höchsten (Wurzel). Beim Lagern des Eisenhuts geht die Giftwirkung in wenigen Tagen verloren.
Wirkung: Die äußerst giftigen Esteralkaloide zählen zu den wirksamsten Pflanzengiften. Wegen der geringen Verbreitung in der DDR sind jedoch Vergiftungen hier selten. Sie äußern sich zunächst in Erregung des Zentralnervensystems, später folgt Herzlähmung. Der Tod tritt infolge Atmungslähmung ein. Betroffen werden Rinder, Schafe und Ziegen, während Pferde widerstandsfähiger sind.
Behandlung der Vergiftung: Ausscheidung des Giftes durch viel Flüssigkeitszufuhr. Magenspülungen und Kohleverabreichung.
Anwendung der Giftstoffe: Vorwiegend bei Nervenschmerzen und Grippeerkrankungen findet das Gift Verwendung als Heilmittel. Früher wurde das Akonitin als Mord- und Pfeilgift verwendet.

● **Frühlings-Adonisröschen** – *Adonis vernalis* L.
Teufelsauge. Geschützt!

Erkennungsmerkmale

Blüten zitronengelb, 4—8 cm breit. 10—20 glänzende Blumenkronblätter. Kelchblätter flaumhaarig.
Früchte mit hakenförmigem Schnabel, eine Kugel bildend.
Blätter fiedrig zerschlitzt, mit linealischen Zipfeln.
Stengel aufrecht.
Pflanzenhöhe: 10—40 cm.
Blütezeit: April bis Juni.

Verbreitung: selten. Buschige Abhänge, sonnige Hügel. Kalkliebend.

Giftstoffe

Bezeichnung und Eigenschaften: Enthalten sind die Glykoside Adonitoxin und Ranunkulin sowie Saponine.
Wirkung: Obwohl das Adonitoxin eine herzwirksame Verbindung darstellt, sind Vergiftungen bei Tieren durch Aufnahme der scharf schmeckenden Pflanzen selten. Wird das Adonisröschen aber gefressen, so treten Durchfälle und der Tod infolge Herzversagens auf.
Behandlung der Vergiftung: s. Roter Fingerhut S. 149.
Anwendung der Giftstoffe: bei Herzbeschwerden. Das Kraut

wirkt gleichzeitig beruhigend und harnfördernd. Wegen des Gehaltes an Cholin und anderen Aminen ist das Kraut auch ein Bestandteil von Lebertees.

● **Wiesen-Kuhschelle** – *Pulsatilla pratensis* (L.) Miller
Küchenschelle, Nickende Kuhschelle. Geschützt!

Erkennungsmerkmale

Blüten dunkelviolett, nickend, glockig, Staubbeutel fast so lang wie die Krone.
Früchte lang fedrig, dicht behaart.
Blätter grundständig, seidenhaarig, dreifach fiederteilig, Zipfel lineal. Unterhalb der Blüten 3fingerig geteilte Hüllblätter.
Pflanzenhöhe: 8—50 cm.
Blütezeit: April bis Mai.

Verbreitung: selten. Sonnige Hügel, sandige, trockene Wälder.

Giftstoffe

Bezeichnung und Eigenschaften: Beide Kuhschellen-Arten enthalten das Glykosid Ranunkulin und das daraus freigesetzte Protoanemonin sowie Saponine.
Vorkommen: Saponine sind besonders in der Wurzel zu finden.
Wirkung: Erkrankungen bei Tieren sind selten, da kaum beachtliche Pflanzenmengen aufgenommen werden. Das Krankheitsbild äußert sich in Reizung der Verdauungswege und der Nieren, ferner in Krämpfen, Erbrechen und Durchfällen. Der in äußerst seltenen Fällen eintretende Tod erfolgt durch Atmungslähmung.
Behandlung der Vergiftung: Entfernen der Pflanzenteile aus den Verdauungsorganen mit Brechmitteln. Außerdem Abführmittel und Kohle.

● **Echte Kuhschelle** – *Pulsatilla vulgaris* Miller (Tafel IX a, b)
Gemeine Küchenschelle, Wolfspfote. Geschützt!

Erkennungsmerkmale

Ähnlich der vorigen Art, jedoch:
Blüten hellviolett, aufrecht. Staubbeutel wesentlich kürzer als die Blumenkrone.
Pflanzenhöhe: 5—20 cm.
Blütezeit: März bis Mai.

Verbreitung: zerstreut. Sonnige Abhänge. Trockene Hügel.

Giftstoffe: s. Wiesen-Kuhschelle.

● **Busch-Windröschen** – *Anemone nemorosa* L. (Tafel Xa)
Waldhähnchen, Wasserhähnchen

Erkennungsmerkmale

Blüten weiß, oft rötlich überlaufen. 5—7 Blumenkronblätter, Blüten 1,5—4 cm breit, strahlig.
Blätter lang gestielt, grundständig. Wie die am Stengel befindlichen Hochblätter 3teilig.
Pflanzenhöhe: 10—25 cm.
Blütezeit: März bis Mai.

Verbreitung: gemein. Wiesen, Gebüsche, Laubwälder.

Giftstoffe

Bezeichnung und Eigenschaften: Enthalten sind das Glykosid Ranunkulin, das daraus entstehende Protoanemonin und Saponine.
Wirkung: Die beim Vieh seltenen Vergiftungserscheinungen verlaufen wie bei den Kuhschellen-Arten.
Behandlung der Vergiftung: s. Wiesen-Kuhschelle.

● **Knolliger Hahnenfuß** – *Ranunculus bulbosus* L. (Abb. 17)

Erkennungsmerkmale

Blüten goldgelb, strahlig, etwa 20 mm breit. 5 Kelchblätter nach unten geschlagen, 5 Blumenkronblätter. Blütenstiele gefurcht.
Blätter 3teilig, Mittelabschnitt der grundständigen Blätter gestielt.
Stengel aufrecht, am Grunde knollig verdickt.
Pflanzenhöhe: 10—30 cm.
Blütezeit: Mai bis Juni.
Verbreitung: gemein, Trockene Wiesen, Wegränder.
Giftstoffe: Wie Gift-Hahnenfuß, aber in geringerer Konzentration.

● **Gift-Hahnenfuß** – *Ranunculus sceleratus* L. (Abb. 18)
Bösewicht, Gift-Ranunkel

Erkennungsmerkmale

Blüten blaßgelb, strahlig, 0,4—1 cm breit. 5 Blumenkronblätter, etwa so lang wie der Kelch.
Früchte bilden ährenförmige Köpfe.
Blätter handförmig geteilt, untere lang gestielt, obere sitzend, meist 3teilig.

Abb. 17. Knolliger Hahnenfuß – *Ranunculus bulbosus.*

Stengel aufrecht, röhrig, ästig, reichblütig.
Pflanzenhöhe: 20—60 cm.
Blütezeit: Juni bis Oktober.

Verbreitung: verbreitet. Teichufer, Sumpfwiesen, sehr feuchte Äcker.

Giftstoffe

Bezeichnung und Eigenschaften: Enthalten sind das Glykosid Ranunkulin, das daraus freigesetzte Protoanemonin, Saponine

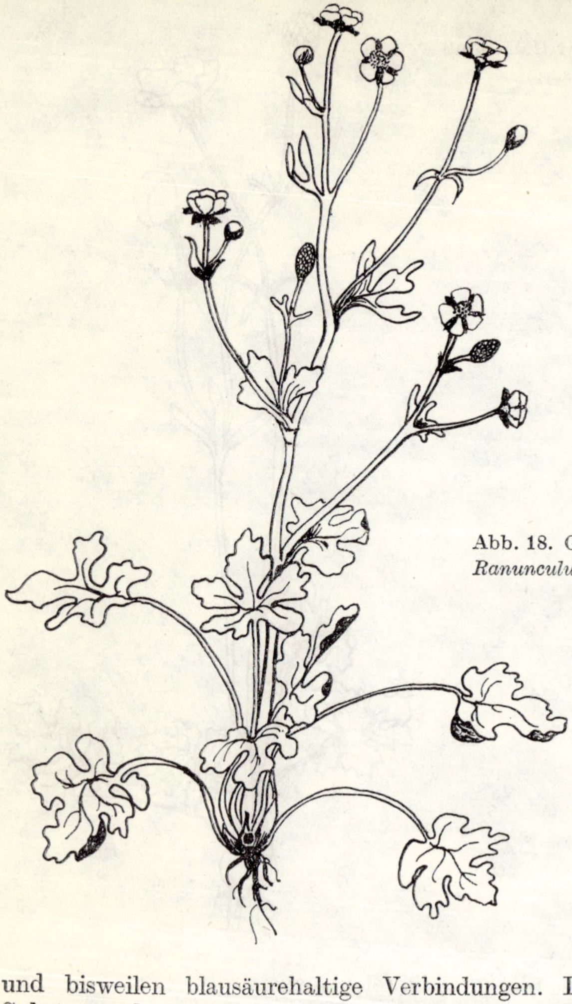

Abb. 18. Gift-Hahnenfuß – *Ranunculus sceleratus.*

und bisweilen blausäurehaltige Verbindungen. Die genannten Substanzen können in allen 3 Hahnenfuß-Arten vorkommen, jedoch in höherer Konzentration im Gift-Hahnenfuß.
Beeinflussung des Giftgehaltes: Der höchste Gehalt an wirksamen Substanzen liegt während der Blüte vor. Heu ist ungefährlich.
Wirkung: Tödliche Vergiftungen beim Vieh dürften nur bei massenhaftem Auftreten von Gift-H. im Weidegras zu erwarten sein. Sonstige Vergiftungserscheinungen äußern sich in Schleimhautentzündung, Durchfall, Kolik, Nierenentzündung und Lähmung

des Zentralnervensystems. In einem Giftpflanzenbuch aus dem Jahre 1855 wird berichtet: Bettler bedienen sich des Gift-H., um sich Geschwüre zu machen und dadurch Mitleid zu erregen. Unsere Wiesen und Weiden sind meist mehr oder weniger mit Scharfem Hahnenfuß durchsetzt. Dieses Futter kann gefahrlos an unsere Tierbestände verfüttert werden.
Behandlung der Vergiftung: Spülen mit verdünnter Kaliumpermanganatlösung und Verabreichung von Abführmitteln.

● **Scharfer Hahnenfuß** – *Ranunculus acris* L.
Kuhblume

Erkennungsmerkmale

Blüten goldgelb, glänzend, strahlig, etwa 1,5 cm breit. 5 Blumenkron- und 5 Kelchblätter, viele Staub- und Fruchtblätter. Blütenstiele glatt.
Früchte mit kurzem Schnabel.
Blätter lang gestielt, handförmig geteilt, Zipfel 2—3teilig, Stengelblätter kürzer gestielt.
Stengel aufrecht, wenigästig, vielblütig.
Pflanzenhöhe: 30—80 cm.
Blütezeit: Mai bis September.

Verbreitung: gemein. Wiesen, Gebüsche, Wegränder.

Giftstoffe: wie Gift-Hahnenfuß, jedoch in geringerer Konzentration.

2.4.2.2.7. Mohngewächse – *Papaveraceae*

Pflanzen mit Milchsaft. Vertreter der Familie vorwiegend in der nördlichen gemäßigten Zone verbreitet.

● **Großes Schöllkraut** – *Chelidonium majus* L. (Tafel Xb)

Erkennungsmerkmale

Blüten gelb, etwa 2 cm breit, in wenigblütigen Dolden. 4 Blumenkronblätter, die 2 Kelchblätter fallen früh ab.
Frucht eine Schote. Samen schwarzbraun mit weißer Schwiele.
Blätter wechselständig. Untere buchtig fiederteilig, obere fiederspaltig.
Stengel aufrecht, unregelmäßig gabelästig.
Pflanze mit orangefarbenem Milchsaft.

Pflanzenhöhe: 30—120 cm.
Blütezeit: Mai bis Oktober.

Verbreitung: gemein. Mauern, Gebüsche, Schutt.

Giftstoffe

Bezeichnung und Eigenschaften: Der bittere Milchsaft enthält bis zu 10 Alkaloide, wobei Chelerythrin, Chelidonin, Chelidoxanthin, Sanguinarin und Spartein die wichtigsten sind. Außerdem kommen Chelidonsäure und Saponine vor.
Beeinflussung des Giftgehaltes: Neben der ganzen Pflanze ist die Wurzel besonders giftig. Beim Trockenen geht die Giftwirkung verloren.
Wirkung: Reizung der Verdauungswege, Erbrechen und beschleunigte Atmung. Wegen des unangenehmen Geschmacks wird die Pflanze aber nur selten aufgenommen. Dennoch wird über einige Todesfälle bei Rindern berichtet.
Behandlung der Vergiftung: s. Vergiftungen durch Alkaloide, Einleitung.
Anwendung der Giftstoffe: Bestandteil der verschiedensten Präparate zur Behandlung von Gallen- und Lebererkrankungen. In der Volksheilkunde wird der Milchsaft gegen Warzen verwendet. In einem alten Kräuterbuch wird berichtet: „Euserlich vor die Geschwulsten und Gelbe-Sucht, (unter die Fußsohlen gebunden), blöde Gesicht, Flecken, Nebel, Fell und Narben der Augen (der Safft mit Honig,) vor der Pest zu bewahren, und das Zahn-bringen zu befördern."

● **Schlaf-Mohn** – *Papaver somniferum* L.

Erkennungsmerkmale

Blüten weiß oder violett, am Grunde mit schwarzen Flecken. Blüten 6—10 cm breit. 4 Blumenkronblätter.
Frucht eine Kapsel, etwa 5 cm lang und 4 cm breit.
Blätter blaugrün, ungeteilt, stengelumfassend.
Pflanze mit weißem Milchsaft.
Pflanzenhöhe: 40—150 cm.
Blütezeit: Juni bis August.

Verbreitung: Kultur- und Zierpflanze.

Giftstoffe

Bezeichnung und Eigenschaften: Der Milchsaft liefert das „Opium", das ein Gemisch aus etwa 25 Alkaloiden darstellt. Morphin und

Kodein sind die Hauptalkaloide. Daneben kommen noch Narkotin, Papaverin, Thebain u. a. vor.
Vorkommen: Besonders in den halbreifen, eben gelb werdenden Kapseln ist der Milchsaft angereichert, während die reifen Kapseln und Samen – und somit auch das Mohnöl – alkaloidfrei sind.
Wirkung: Größere Alkaloidmengen äußern sich in Zähneknirschen, Tobsuchtsanfällen und Verstopfung. Tödliche Vergiftungen ereignen sich bei Säuglingen und Kleinkindern, wenn Abkochungen von unreifen Mohnköpfen als Schlaftee genommen werden. Tiere vergiften sich durch Aufnahme von unreifem Mohnstroh und -kapseln mit dem Häcksel. Bei Mensch und Tier erfolgt eine Gewöhnung an das Morphin.
Behandlung der Vergiftung: wie jede Alkaloidvergiftung (s. S. 12) mit Magenspülungen, Kohleaufschwemmungen, Abführmitteln und Gerbsäure.
Anwendung der Giftstoffe: Das Morphin wurde 1806 als erstes Alkaloid isoliert und ist wegen seiner schmerzstillenden Wirkung bekannt. Hustenstillend wirkt das Kodein. Wegen der unerwünschten Nebenwirkung des Morphins (suchterzeugendes Arzneimittel) gibt es inzwischen eine Anzahl synthetischer Morphinersatzmittel.

● **Klatsch-Mohn** – *Papaver rhoeas* L.
Feldmohn, Kornrose

Erkennungsmerkmale

Blüten scharlachrot, am Grunde der 4 Blumenkronblätter weißberandete, schwarze Flecken. Kelchblätter grün, borstig behaart, abfallend. Blütenstiele abstehend behaart.
Frucht eine verkehrt eiförmige Kapsel mit etwa 10 Narbenstrahlen. Kapsel etwa 1 cm lang, etwas weniger breit.
Blätter einfach oder doppelt fiederspaltig mit grob gesägten Abschnitten. Die oberen sitzend, die unteren in den Stiel verschmälert.
Stengel aufrecht, einfach oder verzweigt.
Pflanze mit weißem Milchsaft.
Pflanzenhöhe: 25—90 cm.
Blütezeit: Mai bis Juli.
Verbreitung: verbreitet. Äcker, Wegränder.

Giftstoffe

Bezeichnung und Eigenschaften: Enthalten sind das Alkaloid Rhoeadin und ein Blausäureglykosid. Die Giftwirkung des Rhoeadins ist umstritten.

Vorkommen: in der Blütezeit vorwiegend im Milchsaft.
Wirkung: Die Pflanze bedingt Aufblähen, blutige Durchfälle und Krämpfe. Anfällig sind Rinder, Pferde, Schweine und Schafe. Infolge geringer Pflanzenaufnahmen kommen Vergiftungen jedoch kaum vor.
Behandlung der Vergiftung: Gerbsäurepräparate und andere gegen Alkaloidvergiftungen geeignete Maßnahmen (s. Einleitung).
Anwendung der Giftstoffe: früher hustenlinderndes Mittel.

2.4.2.2.8. Kreuzblütengewächse – *Brassicaceae (Cruciferae)*

Verbreitung hauptsächlich in der nördlichen gemäßigten Zone. Krautige Pflanzen mit wechselständigen Blättern ohne Nebenblätter. Blüten mit 4 Kelch- und 4 Blumenkronblättern, die sich kreuzweise gegenüberstehen, 4 langen und 2 äußeren kurzen Staubblättern. Frucht eine Schote (mindestens 3mal so lang wie breit) oder ein Schötchen (höchstens 3mal so lang wie breit).
Typisch für die Pflanzen dieser Familie ist ihr Gehalt an Senfölglykosiden. Diese werden durch das Enzym Myrosinase u. a. in Senföle gespalten, bei denen es sich um flüssige stickstoff- und schwefelhaltige Verbindungen handelt, die scharf schmecken und einen stechenden Geruch aufweisen. Ein häufig vorkommendes Senföl ist das Allylsenföl. Die Senföle sind meist Isothiozyanate. Auch der aus den Glykosiden Glukobrassizin, Progoitrin und Goitrin nach Enzymeinwirkung freiwerdende sogenannte „Kohl-Faktor" (Brassica-Faktor) enthält Isothiozyanat. Sowohl das Isothiozyanat als auch das knoblauchartig riechende Thiozyanat bilden die chemische Verbindung Rhodan, die kropferzeugend (strumigen) wirkt. Jodverabreichung verhindert die Kropfbildung. In einigen Ländern sollen z. B. die Rinder die kropferzeugenden Substanzen mit der Milch ausscheiden, so daß auch bei den Menschen eine verstärkte Kropfbildung zu beobachten sei. Derartige Erscheinungen sind unter der Bevölkerung der DDR weder nach dem Genuß von Milch noch nach reichlichen Kohlmahlzeiten zu verzeichnen, da die Jodversorgung bei Mensch und Tier ausreichend ist. Infolge untypischer Spaltung der Senfölglykoside kann auch Blausäure entstehen. Viele Kreuzblütler, besonders solche mit einem relativ niedrigen Senfölgehalt, wirken nach Verfütterung auch verdauungsfördernd, was auf die Reizwirkung der Senföle zurückzuführen ist.

● **Bleicher Schöterich** – *Erysimum crepidifolium* Rchb. (Abb. 19)
Gänsesterbe

Erkennungsmerkmale

Blüten schwefelgelb, bis 8 mm breit. Blütenstiele kürzer als der Kelch.

Abb. 19. Bleicher Schöterich – *Erysimum crepidifolium.*

Frucht eine aufrechte, glatte, graue Schote mit stumpfen Kanten.
Blätter ungeteilt, buchtig ausgerandet, nicht stengelumfassend, an der Spitze meist zurückgebogen.
Pflanzenhöhe: 15—60 cm.

Blütezeit: April bis Juli.
Verbreitung: im Norden selten, sonst zerstreut. Trockene Hänge, Wegränder.

Giftstoffe

Bezeichnung und Eigenschaften: Enthalten sind vorwiegend der stickstofffreie Bitterstoff Erysimipikron sowie ein herzwirksames Glykosid.
Vorkommen: Bis zu 2% Erysimipikron sind im Kraut enthalten.
Wirkung: Neben Kaninchen sind besonders Gänse (Name!) gefährdet. Bei letzteren kann es bereits nach der Aufnahme weniger Blätter zu Todesfällen infolge Herzversagens kommen. Zuvor äußern sich die Vergiftungserscheinungen in Zittern und Krämpfen.
Behandlung der Vergiftung: Verabreichung von Kohle und gerbsäurehaltigen Präparaten.

● **Echter Meerrettich** – *Armoracia lapathifolia* Usteri (Tafel XIa)

Erkennungsmerkmale

Blüten weiß, in Trugdolden. Blumenkronblätter ungeteilt.
Frucht ein Schötchen, fast kugelig, meist unentwickelt.
Blätter unten am Stengel fiederspaltig, oben lanzettlich mit verschmälertem Grunde sitzend. Die grundständigen Blätter sehr groß, bis 60 cm lang und 10 cm breit, dicklich, glänzend, lang gestielt und mit gekerbtem Blattrand.
Stengel aufrecht, ästig.
Pflanzenhöhe: 50—120 cm.
Blütezeit: Juni bis Juli.
Verbreitung: verbreitet. Gräben, Wiesenränder. Wuchert in Gärten.

Giftstoffe

Bezeichnung und Eigenschaften: Die Pflanze enthält ein Senfölglykosid, das das flüchtige Allylsenföl (Isothiozyanat) abgibt.
Wirkung: Wegen des scharfen Geschmacks der Blätter und Wurzeln kommt es selten zu Vergiftungen. Jedoch haben sich diese vereinzelt bei Kindern, auch Pferden, Rindern und Schweinen in starker Reizung der Verdauungswege geäußert.
Behandlung der Vergiftung: Verhindern der Aufnahme weiterer Pflanzen.
Anwendung der Giftstoffe: Ein altes Kräuterbuch berichtet: „Die Wurzel treibt den Harn, bricht den Stein, dienent wider Schar-

bock, Stein, Wasser-Sucht, verstopffte Monat-Zeit, und mindert die Milch in den Brüsten."

● **Schwarzer Senf** – *Brassica nigra* (L.) Koch (Abb. 20)
Senf-Kohl

Erkennungsmerkmale

Blüten klein, gelb, mit waagerecht abstehenden Kelchblättern.
Früchte runde oder 4kantige Schoten, aufrecht stehend, dem Stiel anliegend mit langen, dünnen Schnäbeln. Samen kugelig bis eiförmig, matt, fein punktiert.

Abb. 20. Schwarzer Senf – *Brassica nigra*.

Blätter gestielt, die unteren leierförmig gezähnt, mit großen Endlappen, die oberen lanzettlich, ganzrandig.
Pflanzenhöhe: 60—120 cm.
Blütezeit: Juni bis September.
Verbreitung: zerstreut. Früher Kulturpflanze; verwildert an Wegrändern, auf Schutt.

Giftstoffe

Bezeichnung und Eigenschaften: Enthalten sind die Senfölglykoside Sinigrin und Glukonasturtiin, die beide nach der Spaltung durch Enzyme Senföle abgeben.
Vorkommen: Sinigrin liegt außer in Blättern und Stengeln hauptsächlich in den Samen vor. Glukonasturtiin wird nur in den Wurzeln gefunden.
Beeinflussung des Giftgehaltes: Die Senföle werden besonders schnell bei nasser Verabreichung, z. B. mit warmem Wasser, aus ihren Verbindungen freigesetzt.
Wirkung: Vergiftungen durch Schwarzen S. ereignen sich selten, da seine Verfütterung sowie die von Preßrückständen verboten ist. Selbst andere Futtermittel, wie z. B. Extraktionsrückstände des Weißen Senfs, sollten keine Bestandteile des Schwarzen S. enthalten. Nehmen Tiere aber doch einmal Schwarzen S. auf, so werden bei Rindern und Schafen Entzündungen der Verdauungsorgane und der Nieren, Kolik und Durchfall beobachtet.
Behandlung der Vergiftung: Schleime und Abführmittel.
Anwendung der Giftstoffe: Die Senfsamen werden bei Erkrankungen der Atmungsorgane zum Senfwickel (Kataplasma) verwendet. Das Senföl ist u. a. Bestandteil von Einreibungsmitteln gegen rheumatische Erkrankungen.

● **Markstamm-Kohl** – *Brassica oleracea* L. var. *medullosa*
2 Sorten von Futterpflanzen: Grüner und Blauer Markstamm-K.

Erkennungsmerkmale

Blüten schwefelgelb, in lockeren Blütenständen. Kelchblätter aufrecht. Blütenstiele länger als der Kelch.
Frucht eine Schote.
Blätter groß, fleischig, dicklich. Frostbeständigkeit.
Stengel oberhalb, zwischen den Blättern, fleischig verdickt.
Pflanzenhöhe: bis zu 200 cm.
Blütezeit: Mai bis September (zweijährig).

Verbreitung: Kulturpflanze auf kalkhaltigen Böden.

Giftstoffe

Bezeichnung und Eigenschaften: Enthalten sind die Senfölglykoside Progoitrin, Goitrin, Sinigrin und Glukoiberin. Daneben werden Nitrat und zu Blutarmut (Anämie) führende Faktoren gefunden. Die chemische Struktur dieser anämischen Faktoren ist noch unbekannt.

Beeinflussung des Giftgehaltes: Die anämischen Faktoren werden durch Trocknung und Silierung zerstört. Dagegen tritt nach Frosteinwirkung auf die Pflanzen eine Erhöhung der anämischen Faktoren ein.

Wirkung: Werden bis zu 15 kg Markstammkohl täglich an Rinder verfüttert, dürfte das aus den Senfölen entstehende kropferzeugende Rhodan (s. Einführung, Kreuzblütler, S. 80) in der Milch nicht angereichert werden. Bei Rindern dürfte diese Menge auch nicht zur Blutarmut („Kohlanämie") führen, obwohl bei Verabreichung gleicher Kohlmengen die Wirkung der anämischen Faktoren schwerwiegender ist als die der Senföle bzw. der daraus entstehenden kropferzeugenden Substanzen.

Behandlung der Vergiftung: Absetzen des Markstamm-Kohls bzw. abwechslungsreiches Futter mit viel Heuzusatz verabreichen.

● **Rübsen** – *Brassica rapa* L. var. *silvestris* (Abb. 21)
Sommer- und Winterform

Erkennungsmerkmale

Blüten goldgelb, die Knospen überragend oder gleichlang.

Blätter unten grasgrün, steifhaarig, oben am Stengel blaugrün, herzförmig, stengelumfassend.

Pflanzenhöhe: 50—70 cm.

Blütezeit: April bis September.

Verbreitung: Kulturpflanze.

Giftstoffe

Bezeichnung und Eigenschaften: Enthalten sind vorwiegend die Senfölglkykoside Progoitrin, Goitrin, Sinigrin und Glukonapin; daneben kommen Nitrat und fettes Öl mit ähnlicher Zusammensetzung wie Rapsöl (s. dort) vor.

Vorkommen: Die Substanzen sind im Kraut, vorwiegend jedoch in den Samen angereichert. Das Nitrat ist hauptsächlich in der Wurzel zu finden.

Wirkung: Infolge des geringen Anbaus der Pflanze sind Vergiftungen selten. Die Krankheitserscheinungen ähneln denen der Raps-Vergiftung.

Behandlung der Vergiftung: s. Schwarzer Senf.

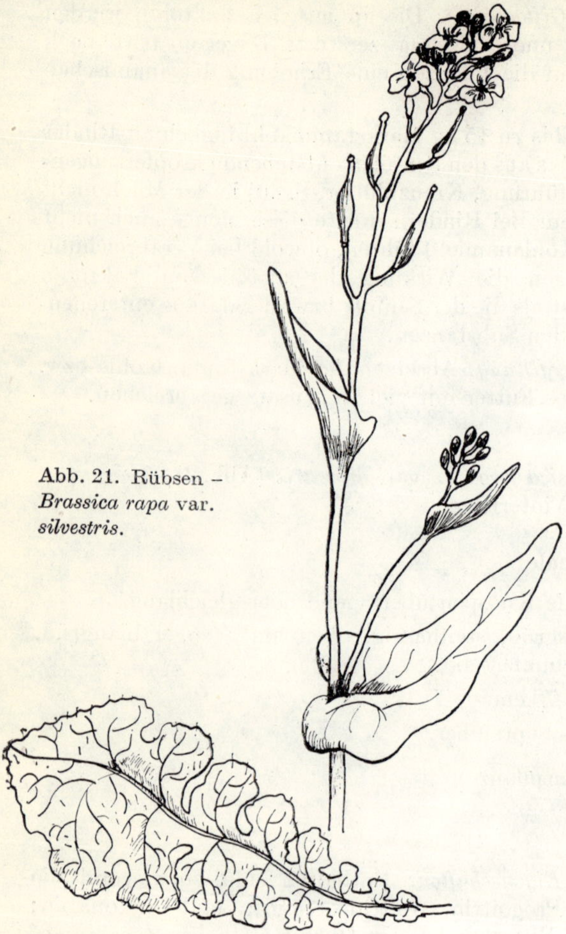

Abb. 21. Rübsen – *Brassica rapa* var. *silvestris.*

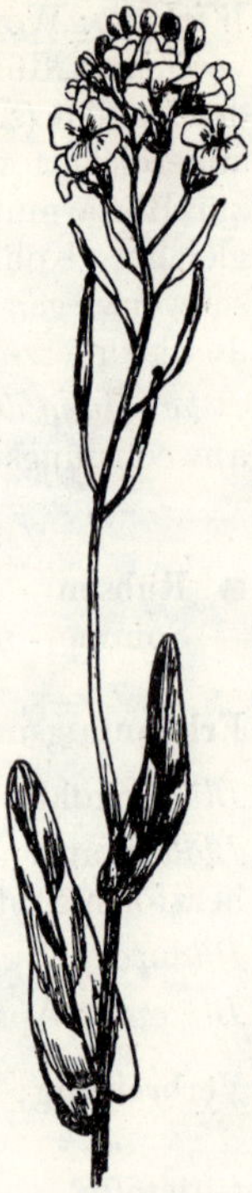

Abb. 22. Raps – *Brassica napus* var. *arvensis.*

● **Raps** – *Brassica napus* L. var. *arvensis* (Abb. 22)

Erkennungsmerkmale

Blüten leuchtend goldgelb, kürzer als die Blütenknospen. Kelchblätter und die 2 äußeren Staubblätter abstehend.
Frucht eine rundliche, geschnäbelte Schote.
Blätter blaugrün, untere fiederspaltig, etwas behaart, obere herzförmig stengelumfassend. Abwischbare Wachsschicht.

Pflanzenhöhe: bis 150 cm.
Blütezeit: April bis September.
Verbreitung: Kulturpflanze, mitunter verwildert.

Giftstoffe

Bezeichnung und Eigenschaften: Im Raps kommen die Senfölglykoside Progoitrin (enthält den „Kohl-Faktor", s. S. 80), Goitrin, Glukonapin und Glukoiberin vor, die die verschiedensten Senföle abgeben. Ferner werden fettes Öl sowie ein Faktor, der zur Blutarmut führt (anämischer Faktor), gefunden. Das Rapsöl enthält die verschiedensten gesättigten und die für die Ernährung besonders wertvollen ungesättigten Fettsäuren Linolen-, Palmitin- und Erukasäure.
Vorkommen: Die Substanzen sind vorwiegend in den Samen zu finden, aber auch die grüne Pflanze enthält hinreichend Senfölglykoside.
Wirkung: Vergiftungen bei Rindern und Schweinen ereignen sich nach dem Verfüttern der grünen Pflanze und der Rückstände der Rapsölgewinnung wie Rapskuchen, -kuchenmehl und -extraktionsschrot. Es können Schwäche, schwere Verstopfung, blutiger Harn, Erblinden und Tobsuchtsanfälle gemeinsam oder nur einige der genannten Krankheitsbilder auftreten.
Behandlung der Vergiftung: Schleime, Abführmittel.

● **Acker-Senf** – *Sinapis arvensis* L. (Abb. 23)
Wilder Senf

Erkennungsmerkmale

Blüten gelb, in Doldentrauben. Kelchblätter waagerecht abstehend.
Frucht eine kahle oder kurzborstige Schote mit dreinervigen Klappen, so lang oder länger als der Schnabel. Samen rotbraunschwarz, kugelig, fast glatt, 1—2 mm breit.
Blätter borstig behaart, untere leierförmig, fiederspaltig, obere ungeteilt.
Stengel aufrecht, meist ästig, gefurcht, grasgrün, unbereift.
Pflanzenhöhe: 30—60 cm.
Blütezeit: Juni bis Oktober.
Verbreitung: gemein. Äcker, Schutt, Grasplätze.

Giftstoffe

Bezeichnung und Eigenschaften: Enthalten sind Thiozyanat, das Senfölglykosid Sinigrin und fettes Öl.

Vorkommen: In der grünen Pflanze ist Thiozyanat zu finden, Sinigrin und das fette Öl vorwiegend in den Samen.
Beeinflussung des Giftgehaltes: Bis zur Samenreife nimmt der Glykosidgehalt ständig zu.
Wirkung: Vergiftungen sind selten, können aber nach Verfütterung der grünen Pflanze bei Pferden, Rindern und Schafen auftreten. Selbst Heu mit einem hohen Anteil an Acker-S. kann giftig wirken. Die Tiere zeigen Aufblähen und die durch Senföle bedingten Erscheinungen (s. Schwarzer Senf).
Behandlung der Vergiftung: Abführmittel.

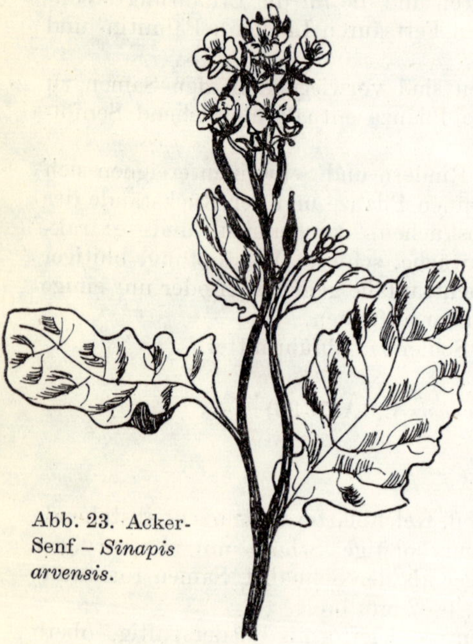

Abb. 23. Acker-Senf – *Sinapis arvensis.*

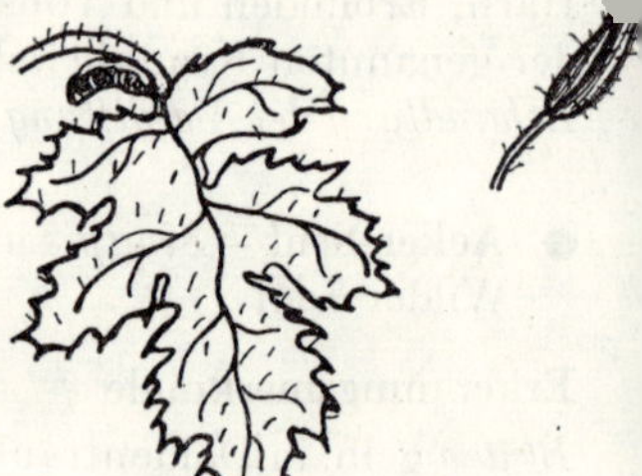

Abb. 24. Weißer Senf – *Sinapis alba,* Blatt und Frucht.

● **Weißer Senf** – *Sinapis alba* L. (Abb. 24)

Erkennungsmerkmale

Blüten hellgelb in Doldentrauben. Blumenkrone doppelt so lang wie der Kelch. Kelchblätter abstehend.
Frucht eine borstige Schote mit 5nervigen Klappen. Frucht so lang oder kürzer als der 2schneidige Schnabel. Samen braun oder weißlich gelb, kugelig, 2—3 mm breit.

Blätter gestielt, fiederspaltig, grob buchtig gezähnt.
Stengel aufrecht, ästig, kantig gefurcht. Die gesamte Pflanze ist steifhaarig.
Pflanzenhöhe: 30—60 cm.
Blütezeit: Juni bis Juli.
Verbreitung: Kulturpflanze.

Giftstoffe

Bezeichnung und Eigenschaften: Gefunden werden die Senfölglykoside Glukonasturtiin und Sinalbin, aus dem durch Spaltung das geruchlose, mehr oder weniger scharf schmeckende Sinalbin-Senföl entsteht. Daneben ist fettes Öl enthalten, das dem Rapsöl ähnlich ist.
Vorkommen: Glukonasturtiin ist in den Wurzeln zu finden, das Öl und das andere Glykosid vorwiegend in den Samen (s. daher besondere Gefährdung durch Senfölextraktionsschrot).
Beeinflussung des Giftgehaltes: Als Grünfutter ist der Weiße S. bis zur Blüte gefahrlos zu verfüttern, erst im Stadium der Samenbildung steigt der Senfölglykosidgehalt stark an.
Wirkung: Betroffen werden vorwiegend Wiederkäuer. Das Krankheitsbild äußert sich in Entzündungen der Verdauungswege und der Nieren, in Durchfall und Hautausschlag. In schweren Fällen tritt dann plötzlich der Tod ein.
Behandlung der Vergiftung: keine Verfütterung der Senfölextraktionsschrote in feuchtem Zustand. Verabreichung von öligen Abführmitteln.
Anwendung der Giftstoffe: Die Senföle der grünen Pflanze und des in geringen Mengen mit dem Futter verabreichten Extraktionsschrotes wirken verdauungsfördernd.

● **Hederich** – *Raphanus raphanistrum* L. (Abb. 25)
Acker-Rettich

Erkennungsmerkmale

Blüten hellgelb oder weiß mit violetten Adern. Kelchblätter aufrecht.
Frucht eine Schote, zwischen den Samen perlschnurartig eingeschnürt.
Blätter gestielt, untere leierförmig, obere lanzettlich.
Stengel aufrecht. Wie die Blätter im unteren Teil steifhaarig.
Pflanzenhöhe: 30—60 cm.
Blütezeit: Juni bis Oktober.
Verbreitung: gemein. kalkarme Äcker, Schutt.

Giftstoffe

Bezeichnung und Eigenschaften: Die Pflanze enthält Thiozyanat, die Senfölglykoside Sinalbin (s. Weißer Senf) und Raphanisterin sowie fettes Öl.

Vorkommen: Die Glykoside und das fette Öl sind vorwiegend in den Samen zu finden, das Thiozyanat in der grünen Pflanze.

Abb. 25. Hederich – *Raphanus raphanistrum.*

Wirkung: Aus dem deutschsprachigen Raum sind keine Vergiftungen bekannt, da Hederich nicht als Futterpflanze angebaut wird. Kommt es durch starke Verunkrautung anderer Futterpflanzen mit H. doch zu Schäden, so sind die beim Weißen Senf beschriebenen Krankheitsbilder zu erwarten.

Behandlung der Vergiftung: s. Weißer Senf.

2.4.2.2.9. Dickblattgewächse – *Crassulaceae*

Von den Vertretern dieser Familie werden trockene, warme Gebiete bevorzugt.

● **Scharfer Mauerpfeffer** – *Sedum acre* L. (Tafel XIb)
Steinpfeffer

Erkennungsmerkmale

Blüten gelb, sternförmig, mit 5 Blumenkronblättern.

Frucht eine Spaltfrucht.

Blätter dick, dem Stengel anliegend, walzig, 3—5 mm lang, am Grunde ohne Sporn.

Stengel kriechend, rasenbildend.

Pflanzenhöhe: 5—15 cm.

Blütezeit: Juni bis Juli.

Verbreitung: verbreitet. Mauern, sonnige Hügel, trockene Plätze.

Giftstoffe

Bezeichnung und Eigenschaften: Enthalten sind die Alkaloide Sedamin, Sedimin, Sedridin u. a.

Vorkommen: Vorwiegend im Kraut werden bei vorsichtiger Trocknung bis zu 0,27 % Gesamtalkaloide gefunden.

Beeinflussung des Giftgehaltes: Die Menge und die Zusammensetzung der Alkaloide schwanken stark.

Wirkung: Vergiftungen durch die Pflanze sind äußerst selten.

2.4.2.2.10. Schmetterlingsblütengewächse – *Fabaceae (Papilionaceae)*

Kräuter, Sträucher oder Bäume mit wechselständigen, zusammengesetzten Blättern und Nebenblättern. Blüten schmetterlingsförmig, 5zählig. Blumenkrone aus Fahne, Schiffchen und 2 Flügeln bestehend. Frucht eine Hülse (Hülsenfrüchtler – *Leguminosae*). Zu der Familie gehören wichtige Pflanzen für die menschliche (Bohnen, Erbsen usw.) und tierische Ernährung (Klee, Wicken, Serradella usw.).

● **Vielblättrige Lupine** – *Lupinus polyphyllus* Lindl. (Tafel XIIa)

Erkennungsmerkmale

Blüten blau, selten weiß oder rosa, in 30—50 cm langen, aufrechten Trauben.
Frucht dicht behaart, vielsamig.
Blätter 12-mehrzählig gefingert, Blättchen lanzettlich, unterseits seidig behaart.
Pflanzenhöhe: 100—150 cm.
Blütezeit: Juni bis August (mehrjährige Pflanze).
Verbreitung: Wälder, Böschungen. Zierpflanze.

Giftstoffe

Bezeichnung und Eigenschaften: In den Lupinen-Arten findet man die Alkaloide Lupanin, Lupanidin, l-Spartein (Lupinidin), Angustifolin u. a. (Chinolizidinalkaloide) sowie giftige Stoffe nach Pilzbefall der Lupinen; ferner sind Substanzen enthalten, welche die Lichtkrankheit bedingen (s. Buchweizen, S. 65).

Vorkommen: Der höchste Alkaloidgehalt liegt in den Samen vor. Die Süßlupinen dürfen zu Fütterungszwecken nur bis zu 0,06 % Gesamtalkaloide enthalten.

Beeinflussung des Giftgehaltes: Die Alkaloidwirkung bleibt durch Trocknung (Heu) erhalten. Es läßt sich eine Abhängigkeit der Giftwirkung der Lupinen von feuchter Witterung (starker Pilzbefall!) feststellen.

Wirkung: Empfindlich gegen giftig wirkende Lupinen (besonders Heu und Samen bzw. Schrot) sind Schafe und Pferde, Schweine und Rinder weniger. Die Lupinen-Vergiftung – die sogenannte Lupinose – verläuft entweder akut oder chronisch. Der durch die Alkaloide bedingte akute Vergiftungsverlauf äußert sich in Unruhe und Krämpfen, häufig als Gelbsucht (Ikterus); der Tod kann bis zu 5 Tagen nach der Lupinen-Aufnahme durch Atmungslähmung eintreten. Diese Vergiftungen wurden bei der Verfütterung von alkaloidreichen Bitterlupinen beobachtet. Die heutige Süßlupine kann infolge des geringen Alkaloidgehaltes in den seltensten Fällen zu Vergiftungen führen. Bei chronisch verlaufender Lupinose (Benommenheit, Appetitlosigkeit, schwankender Gang und Leberschädigung) dürften die Lupinen infolge des Befalls mit Schimmelpilzen giftig wirken. Gerade die Samen und das Schrot verschimmeln leicht. Jedoch kann die Erkrankung auch durch einen bisweilen erhöhten Eisen-Kupfer-Gehalt der Lupinen be-

dingt sein. Schwere Vergiftungen werden bei Kindern nach dem Essen von Samen beobachtet.
Behandlung der Vergiftung: Abführmittel.

● **Gelbe Lupine** – *Lupinus luteus* L.
Wolfsbohne

Erkennungsmerkmale

Blüten dottergelb, in übereinanderstehenden Quirlen angeordnet, mit starkem Geruch.
Frucht knotig, dicht behaart.
Blätter 5—9zählig gefingert, Teilblättchen lanzettlich, länglich, beiderseits behaart.
Stengel viel Seitentriebe bildend.
Pflanzenhöhe: 30—60 cm.
Blütezeit: Juni bis September (Pflanze einjährig).

Verbreitung: Futter- und Gründüngungspflanze. Zierpflanze.

Giftstoffe: s. vorige Art.

● **Blaue Lupine** – *Lupinus angustifolius* L.

Erkennungsmerkmale

Blüten hellblau, selten weiß oder rot, in dichten, aufrechten Trauben.
Frucht gelblich braun, schwach behaart.
Blätter 5—9zählig gefingert, Teilblättchen linealisch, unterseits behaart.
Stengel schwach behaart, wenig verzweigt, reich beblättert.
Pflanzenhöhe: 30—100 cm.
Blütezeit: Juni bis September (Pflanze einjährig).

Verbreitung: Gründüngungs-, Futter- und Zierpflanze.

Giftstoffe: s. Vielblättrige Lupine.

● **Gemeiner Goldregen** – *Laburnum anagyroides* Med. (Tafel XIIb)

Erkennungsmerkmale

Blüten gelb, in 15—20 cm langen, hängenden Trauben.
Frucht seidenhaarig.
Blätter 3zählig, lang gestielt. Teilblättchen elliptisch.
Pflanzenhöhe: 3—6 m hoch werdender Baum oder Strauch.
Blütezeit: Mai bis Juni

Verbreitung: selten, nur Südwestdeutschland. Zierstrauch.

Giftstoffe

Bezeichnung und Eigenschaften: Enthalten sind das geruchlose Alkaloid Zytisin (Chinolizidin-Alkaloid) sowie Cholin (ein Aminoalkohol).

Vorkommen: Der höchste Alkaloidgehalt liegt in den äußersten Wurzelschichten vor, dann folgen die Samen und Blüten. Das Cholin ist in den Samen angereichert.

Beeinflussung des Giftgehaltes: Die Giftwirkung des Alkaloids bleibt auch in der getrockeneten Pflanze erhalten.

Wirkung: Auf das äußerst giftige Zytisin, das ähnlich wie Nikotin, wirkt, reagieren die einzelnen Tierarten sehr unterschiedlich. Am empfindlichsten ist das Pferd, dann folgen Rind und Schwein. Schaf und Ziege sind dagegen widerstandsfähiger, Kaninchen und Geflügel unempfindlich. Die Krankheit äußert sich in Erregung, Schwindel, Bewegungsstörungen und Krämpfen. Infolge Atmungslähmung tritt der Tod ein. Beim Menschen findet man die Krankheitserscheinungen nach dem Genuß zytisinhaltiger Kuh- oder Ziegenmilch, da das Alkaloid mit der Milch ausgeschieden wird. Die Tiere selbst brauchen dabei noch keine Vergiftungserscheinungen aufzuweisen. Kinder sind nach dem Essen von G.-Samen und der süß schmeckenden Wurzel verstorben.

Behandlung der Vergiftung: Entfernung der Giftstoffe aus den Verdauungswegen und Verabreichung von Kohle.

Anwendung der Giftstoffe: Zytisin ist in dem bulgarischen Raucherentwöhnungsmittel „Tabex“ enthalten.

● **Gemeiner Besenginster** – *Sarothamnus scoparius* (L.) Wimm. (Tafel XIIIa)
Besenstrauch.

Erkennungsmerkmale

Blüten gelb, 1—2 cm groß, einzeln oder zu 2 hintereinander am Stengel.

Frucht flachgedrückt, behaart.

Blätter 3zählig, Blättchen etwa 1 cm lang.

Stengel 4kantig, rutenartig, immergrün. Spärlich beblättert.

Pflanzenhöhe: 50—200 cm hoher Strauch.

Blütezeit: Mai bis Juni.

Verbreitung: verbreitet. In den Alpen fehlend. Sandige Wälder, Wegränder, Bahndämme.

Giftstoffe

Bezeichnung und Eigenschaften: Enthalten sind das Hauptalkaloid Spartein (s. a. Lupine) und die Nebenalkaloide Zytisin (s. Goldregen), Genistein und Sarothamnin; ferner das Glykosid Skoparin, ein Bitterstoff und ätherisches Öl.
Vorkommen: Spartein liegt vorwiegend in den Samen vor, dann folgen die Blätter und Zweige.
Wirkung: Vergiftungen ereignen sich meist nur bei Schafen nach der Aufnahme großer Mengen B. Das Spartein führt infolge seiner dem Koniin (s. Gefleckter Schierling) ähnlichen Wirkung zur Erregung und schließlich zur Lähmung. Einen harnfördernden Effekt besitzt das Skoparin.
Behandlung der Vergiftung: Abführmittel und Kohle.
Anwendung der Giftstoffe: Die Wirkungen des Sparteins auf das Herz und die Gebärmutter werden noch in Arzneimitteln genutzt.

● **Weißer Steinklee** – *Melilotus albus* Desr. (Abb. 26)
Bucharaklee

Erkennungsmerkmale

Blüten weiß, etwa 5 mm lang, in reichblütigen, lang gestielten Trauben.
Frucht elliptisch, etwa 4 mm lang, querrunzlig, kahl.
Blätter 3zählig, lang gestielt. Blättchen verkehrt eiförmig, gezähnt. Am Grunde der Blätter pfriemliche, ganzrandige Nebenblätter.
Stengel aufrecht, verzweigt.
Pflanzenhöhe: 30—100 cm.
Blütezeit: Juni bis September.
Verbreitung: verbreitet. Wegränder, Hügel, Bahndämme.

Giftstoffe

Bezeichnung und Eigenschaften: Beide Steinklee-Arten weisen neben dem Glykosid Melilotosid (an Zucker gebundene Kumarinsäure) Kumarinsäure, Kumarsäure (beide Verbindungen sind Oxidationsprodukte der Zimtsäure), Kumarin (Waldmeistergeruch), Dikumarol (ein Kumarinabbauprodukt) und Nitrat auf.
Beeinflussung des Giftgehaltes: Die frische Pflanze enthält vorwiegend gebundenes Kumarin (Melilotosid) und wenig freies Kumarin. Die trockene Pflanze (Heu) weist viel freies Kumarin (Waldmeistergeruch) auf. Feuchter, verschimmelter Steinklee

baut einen Teil des freien Kumarins zu Dikumarol ab. Auch schlechte Steinkleesilage kann Dikumarol enthalten.
Wirkung: Vergiftungen sind vorwiegend durch das Dikumarol zu erwarten, das als ähnliche Verbindungen auch in dem Rattenvertilgungsmittel (Rodentizid) Warfarin enthalten ist. Gegenüber

Abb. 26. Weißer Steinklee – *Melilotus albus.*

dem Dikumarol sind besonders Kaninchen gefährdet, aber auch Rinder, Schafe, Schweine und Pferde. Dikumarol verlangsamt die Blutgerinnungszeit (für eine schnelle Blutgerinnung ist u. a. das Vitamin K verantwortlich), so daß bereits bei kleinster Schädigung der Blutgefäße tödliche innere Blutungen entstehen. Diese werden gefördert durch ein Anstoßen, Schlagen usw. der Tiere.
Behandlung der Vergiftung: Gaben von Vitamin K.
Anwendung der Giftstoffe: Die Blätter der Pflanze können bei Magen-Darm-Erkrankungen angewendet werden. In einem alten Kräuterbuch wird berichtet: „Das Meliloten-Pflaster stillt die Wehtagen, erweicht die alten verharteten Geschwulsten, sonderlich der Ingeweide, zertheilet die Auffblähungen, und die Beulen im Schmerbauch!"

● **Echter Steinklee** – *Melilotus officinalis* (L.) Lamk. emend. Thuill.

Gelber Steinklee, Honigklee

Erkennungsmerkmale

Blüten gelb, sonst ähnlich dem Weißen Steinklee.

Verbreitung: s. Weißer Steinklee.

Giftstoffe: s. Weißer Steinklee.

● **Schweden-Klee** – *Trifolium hybridum* L. (Tafel XIIIb)

Erkennungsmerkmale

Blüten zuerst weiß, dann rötlich, gestielt, in Köpfchen von 1,5 bis 2 cm Durchmesser.

Blätter 3teilig, lang gestielt. Teilblättchen verkehrt eiförmig, fein gesägt. Lanzettliche Nebenblätter.

Stengel aufsteigend oder niederliegend, verzweigt, röhrig.

Pflanzenhöhe: 30—50 cm.

Blütezeit: Mai bis September.

Verbreitung: verbreitet. Feuchte Wiesen, Gräben, Kulturpflanze.

Giftstoffe

Bezeichnung und Eigenschaften: Die genannten Klee-Arten enthalten die Blausäureverbindungen Linamarin (s. Lein, S. 108) und Lotaustralin, einen zur „Lichtkrankheit" (Photosensibilität, s. Buchweizen, S. 65) führenden Farbstoff sowie wahrscheinlich spezifische Saponine und Eiweiße (Proteine). Ferner ist besonders im Weiß-Klee das kropferzeugende Rhodan (s. Kreuzblütler, S. 80) vorhanden, das aus Blausäure nach Schwefeleinlagerung entsteht.

Beeinflussung des Giftgehaltes: Selbstverständlich sind alle Klee-Arten neben anderen Vertretern dieser Familie als hervorragende Futterpflanzen zu werten. Nur in Abhängigkeit von der Jahreszeit, Witterung und der verfütterten Menge können die angeführten Schäden auftreten. Infolge des möglichen hohen Blausäuregehaltes ist besonders Weiß-Klee-Heu giftig. Schweden-K. führt vorwiegend in nassem Zustand sowie bei üppigem Wachstum im Frühjahr zu Schäden.

Wirkung: Vergiftungen erleiden besonders Rinder. Das Krankheitsbild der Blausäurevergiftung ist beim Lein beschrieben worden. Die „Lichtkrankheit" ist vom Buchweizen bekannt. Wird

sie durch Klee-Arten hervorgerufen, spricht man von der Kleekrankheit (Trifoliose). Auch die Verfütterung von Luzerne kann Trifoliose bedingen. Die Saponine und Eiweiße können bei intensiver Klee-Fütterung zur Blähsucht (Tympanie) führen.
Behandlung der Vergiftung: keine ununterbrochene Klee-Fütterung. Bei der Kleekrankheit die Tiere nicht dem direkten Sonnenlicht aussetzen.

● **Weiß-Klee** – *Trifolium repens* L. (Tafel XIVa)

Erkennungsmerkmale

Blüten weiß oder rötlich-weiß, kurz gestielt, in 1,5—2 cm breiten Köpfchen. Blüten nach dem Verblühen hängend.
Blätter meist 3teilig, lang gestielt. Teilblättchen verkehrt eiförmig oder keilig. Nebenblätter trockenhäutig.
Stengel kriechend, wurzelnd.
Pflanzenhöhe: 15—45 cm.
Blütezeit: Mai bis September.

Verbreitung: verbreitet. Wiesen, Wegränder, Kulturpflanze.

Giftstoffe: s. Schweden-Klee.

● **Rot-Klee** – *Trifolium pratense* L.

Erkennungsmerkmale

Blüten dunkelrot, in 2,5 cm breiten Köpfchen, meist seitenständig.
Blätter 3 teilig. Teilblättchen eiförmig oder elliptisch. Nebenblätter eiförmig, zugespitzt.
Stengel aufsteigend, verzweigt, angedrückt behaart.
Pflanzenhöhe: 15—40 cm.
Blütezeit: Juni bis August.

Verbreitung: gemein. Wiesen, Gebüsche, Kulturpflanze.
Giftstoffe: s. Schweden-Klee.

● **Echte Geißraute** – *Galega officinalis* L. (Tafel XIVb)

Erkennungsmerkmale

Blüten bläulich-weiß, in blattachselständigen Trauben. Stiel länger als das Blatt.
Frucht rund, rotbraun, ohne Scheidewand
Blätter unpaarig gefiedert, 8—17 lanzettliche Teilblättchen mit

Stachelspitze. Nebenblätter gleichförmig.
Stengel aufrecht.
Pflanzenhöhe: 60—100 cm.
Blütezeit: Juni bis August.

Verbreitung: angebaut als Zier- und Arzneipflanze.

Giftstoffe

Bezeichnung und Eigenschaften: Enthalten sind das Alkaloid Galegin (ein Guanidinderivat, das noch stickstoffhaltiger als Harnstoff ist), das Glykosid Galuteolin, evtl. ein Saponin und der wahrscheinlich ungiftige Bitterstoff Peganin.
Vorkommen: Zu finden sind die Substanzen vorwiegend in den Samen (Galegin), außerdem in den Blättern und Wurzeln.
Wirkung: Infolge des scharfen Geschmacks wird die Geißraute von fast allen Tieren – außer Schafen – gemieden; diese erkranken an Ausfluß aus Maul und Nase, Husten, Krämpfen und Lähmungen.
Behandlung der Vergiftung: Abführmittel.
Anwendung der Giftstoffe: Die Inhaltsstoffe wirken gemeinsam mit anderen Arzneimitteln gegen leichte Zuckerkrankheit. Für die mitunter milchfördernde Wirkung der Pflanze dürfte eine Aminosäure (Lysin) verantwortlich sein.

● **Weiße Robinie** – *Robinia pseudo-acacia* L. (Tafel XVa)
Falsche Akazie

Erkennungsmerkmale

Blüten weiß, in etwa 15 cm langen, hängenden Trauben.
Frucht schwarzbraun, etwa 12 cm lang.
Blätter unpaarig gefiedert, aus 9—17 eiförmigen Blättchen bestehend. Nebenblätter zu Dornen umgebildet.
Bäume mit graubrauner Borke, längs aufreißend.
Pflanzenhöhe: 15—25 m hoch werdende Bäume.
Blütezeit: Mai bis Juni.

Verbreitung: Zier- und Forstbaum.

Giftstoffe

Bezeichnung und Eigenschaften: Enthalten sind das eiweißartige (Proteid) Robin, das alkaloidähnliche Robinin, Gerbstoffe und ätherische Öle.
Vorkommen: Robin findet man vorwiegend in der Rinde, in ge-

ringeren Mengen in den Samen und Blättern, in denen auch das Robinin enthalten ist. Das ätherische Öl ist in schwacher Konzentration lediglich in den Blättern und Blüten angereichert.

Wirkung: Nach der Aufnahme von Rinde, aber auch von Laub ereignen sich besonders bei Pferden Vergiftungen. Sie äußern sich in Durchfall, Kolik und Lähmungserscheinungen. Auch eine Zusammenballung (Agglutination) der roten Blutkörperchen erfolgt. Bei der Bearbeitung von Robinienholz können durch den entstehenden Staub beim Menschen Vergiftungen auftreten. Kinder vergiften sich auch durch Kauen von Rinde und Wurzeln.

Behandlung der Vergiftung: Kohle.

● **Bunte Kronwicke** – *Coronilla varia* L.
Giftwicke

Erkennungsmerkmale

Blüten mit weißen Flügeln, rötlicher Fahne und violetter Schiffchenspitze, zu 8—20 in blattachselständigen, lang gestielten Köpfchen.

Frucht hell bräunlich, rillig, hinter den Samen eingeschnürt.

Blätter 6—12 paarig gefiedert. Teilblättchen elliptisch, stachelspitzig. Nebenblätter lanzettlich.

Stengel aufsteigend oder niederliegend.

Pflanzenhöhe: 30—60 cm.

Blütezeit: Juni bis August.

Verbreitung: zerstreut. Wiesen, Wegränder, Hügel.

Giftstoffe

Bezeichnung und Eigenschaften: Enthalten ist das aus verschiedenen Glykosiden bestehende Koronillin.

Vorkommen: Vorwiegend ist die Substanz in den Blättern und Samen enthalten.

Wirkung: Die Giftstoffe sind herzwirksam (digitalisähnlich, s. Roter Fingerhut, S. 149) und wirken harntreibend. Ernsthafte Vergiftungen sind bei Mensch und Tier nicht zu befürchten.

Behandlung der Vergiftung: Spülungen mit ¼- bis ½‰iger Kaliumpermanganatlösung.

Anwendung der Giftstoffe: Auszüge aus dem Kraut zur Behandlung des Altersherzens sind inzwischen ungebräuchlich.

● **Saat-Wicke** – *Vicia sativa* L. (Abb. 27)

Erkennungsmerkmale

Blüten mit bläulicher Fahne und dunkelroten Flügeln, einzeln oder zu 2 in den Blattachseln.
Frucht aufrecht, gelbbraun, kurz behaart.
Blätter etwa 5paarig gefiedert, vorn mit geteilter Ranke. Teilblättchen über 5 mm breit, verkehrt eiförmig, die unteren tief, die oberen weniger ausgerandet.
Stengel aufsteigend.
Pflanzenhöhe: 30—80 cm.
Blütezeit: Mai bis Juli.

Verbreitung: Getreideunkraut oder Grünfutterpflanze.

Abb. 27. Saat-Wicke – *Vicia sativa.*

Giftstoffe

Bezeichnung und Eigenschaften: Die genannten Wicken-Arten enthalten die blausäurehaltige Verbindung (Glykosid) Viziamin (Viazinin) und einen die „Lichtkrankheit“ (s. Buchweizen) auslösenden Faktor. Daneben findet man besonders in der Saat-W. Alkaloide (die Glykoalkaloide Vizin und Konvizin).
Vorkommen: Das Viziamin ist vorwiegend in den Samen zu finden, daneben aber auch in den übrigen Pflanzenteilen.

Beeinflussung des Giftgehaltes: Die Konzentration der Blausäure und der anderen Substanzen schwankt sehr stark von Jahr zu Jahr.
Wirkung: Am empfindlichsten ist das Pferd, daneben Rind und Schwein. Bei zu hohem Gehalt an Wickschrot im Geflügelfutter treten vorwiegend bei Küken Wachstumsminderung und sogar Todesfälle auf. Die Krankheitsbilder entsprechen im wesentlichen der Blausäurevergiftung (s. Lein) und denen durch photosensibilisierend wirkende Substanzen (s. Buchweizen). Neben der Photosensibilität bedingt diese Substanz auch Leberschäden.
Behandlung der Vergiftung: keine ununterbrochene Fütterung von Wicken über 2 Wochen hinaus.

● Vogel-Wicke – *Vicia cracca* L.

Erkennungsmerkmale
Blüten blauviolett, 8—11 mm lang, in lang gestielten Trauben, die etwa so lang wie die Blätter sind.
Früchte schwarzbraun.
Blätter 9—13paarig gefiedert, Teilblättchen lanzettlich, kurzhaarig. Nebenblätter ganzrandig.
Stengel weichhaarig, schlaff.
Pflanzenhöhe: 30—120 cm.
Blütezeit: Juni bis August.
Verbreitung: verbreitet. Wiesen, Gebüsche, Äcker, Zäune.
Giftstoffe: s. vorige Art.

● Zottel-Wicke – *Vicia villosa* Roth

Erkennungsmerkmale
Blüten blauviolett, selten weiß, in 12—25blütigen, lang gestielten Trauben, die länger als die Blätter sind. Einzelblüten 15—20 mm lang.
Früchte 2—8samig. Samen 3—4 mm Durchmesser, kugelig, etwas samtig, dunkelbraun mit schmalem, kurzem Nabel.
Blätter meist 8paarig gefiedert, am Ende mit kräftiger ästiger Ranke. Teilblättchen länglich eiförmig, meist dicht zottig behaart. Nebenblätter halbspießförmig, ganzrandig.
Stengel schlaff, weichhaarig.
Pflanzenhöhe: 30—150 cm.
Blütezeit: Juni bis August.
Verbreitung: verbreitet. Wiesen, Äcker. Kulturpflanze.
Giftstoffe: s. Saat-Wicke.

● **Linsen-Wicke** – *Vicia ervilia* (L.) Willd. (Abb. 28)
Steinlinse

Erkennungsmerkmale

Blüten hellrot, meist in 2blütigen, lang gestielten Trauben.
Früchte perlschnurförmig eingeschnürt.

Abb. 28. Linsen-Wicke –
Vicia ervilia.

Blätter 8—12paarig gefiedert, am Ende ohne Wickelranke. Blattspindel am Ende mit Stachelspitze. Teilblättchen gestutzt, stachelspitzig. Nebenblätter halbpfeilförmig.

Pflanzenhöhe: 30—60 cm.

Blütezeit: Juni bis Juli.

Verbreitung: in Südwestdeutschland zerstreut, sonst selten. Äcker. Kulturpflanze.

Giftstoffe: s. Saat-Wicke.

● **Wohlriechende Platterbse** – *Lathyrus odoratus* L.
Handelsname: Wicke

Erkennungsmerkmale

Blüten mit rosa-violetter Fahne, bläulichen oder weißen Flügeln und Schiffchen. Zu 2 bis 3 in Trauben, wohlriechend.
Früchte zusammengedrückt, länglich-lineal, rauhhaarig.
Blätter meist 1paarig gefiedert, mit Wickelranken. Teilblättchen elliptisch oder eiförmig, 2mal so lang wie breit, stumpf.
Stengel geflügelt, kletternd.
Pflanzenhöhe: 80—160 cm.
Blütezeit: Juni bis August.

Verbreitung: Zierpflanze.

Giftstoffe

Bezeichnung und Eigenschaften: Beide Platterbsen-Arten enthalten ein Aminopropionitril (β-(γ-L-Glutamyl)-aminopropionitril).
Vorkommen: am schädlichsten sind die Samen.
Wirkung: Besonders gefährdet sind Pferde und Rinder, aber auch Schweine und Geflügel erkranken. Das als Lathyrismus bezeichnete Krankheitsbild äußert sich in Aufregung, Schwäche, manchmal Nasenbluten, Lähmung von Kehlkopf und Gliedmaßen, Abmagern der Tiere und bei Rindern in völligem Versiegen der Milch. Durch verschiedene synthetisch hergestellte Nitrile werden im Tierversuch 2 Arten des Lathyrismus (Osteo-Angiolathyrismus und Neurolathyrismus) hervorgerufen. Unter unseren Verhältnissen kommen Vergiftungen beim Menschen nicht mehr vor, da die Platterbsen-Arten als Nahrungsmittel ungebräuchlich sind.
Behandlung der Vergiftung: Abführmittel und keine fortlaufende Fütterung über 2 Wochen hinaus.

● **Saat-Platterbse** – *Lathyrus sativus* L. (Abb. 29)
Kicherling

Erkennungsmerkmale

Blüten weiß, bläulich geadert. Einzeln, lang gestielt in den Blattachseln.
Frucht kahl, zusammengedrückt, 2flügelig. Samen kantig.
Blätter 1paarig gefiedert, mit Wickelranken. Teilblättchen lineallanzettlich.
Stengel geflügelt, dadurch 4—6 mm breit.
Pflanzenhöhe: 25—90 cm.

Abb. 29. Saat-Platterbse – *Lathyrus sativus.*

Blütezeit: Mai bis Juni.
Verbreitung: Kulturpflanze.
Giftstoffe: s. vorige Art.

● **Garten-Bohne** – *Phaseolus vulgaris* L.

Erkennungsmerkmale

Blüten weiß oder rosa, in wenigblütigen, gestielten Trauben.
Frucht glatt, gerade, etwa 20 cm.
Blätter 3zählig, Teilblättchen breit eirund, zugespitzt.
Stengel verzweigt, aufrecht oder windend.
Pflanzenhöhe: 30—400 cm.
Blütezeit: Juni bis September.
Verbreitung: Kulturpflanze.

Giftstoffe

Bezeichnung und Eigenschaften: Enthalten sind die Eiweißverbindung Phasin (Albumin) und die blausäurehaltige Verbindung Phaseolunatin, die mit dem Linamarin des Leins identisch ist.
Vorkommen: Angereichert sind die Substanzen besonders in den unreifen Früchten („grüne Bohnen"), aber auch in den reifen Samen („weiße Bohnen").
Beeinflussung des Giftgehaltes: Die Giftwirkung des Phasins geht durch längeres Kochen verloren.
Wirkung: Ungekochte grüne Bohnen können beim Menschen zu blutigen Magen-Darm-Entzündungen und Krämpfen führen. Selbst Todesfälle treten auf. Bei Schweinen, Rindern und Küken werden nach dem Verzehr weißer Bohnen bzw. von Bohnenmehl gleiche Erscheinungen beobachtet.
Behandlung der Vergiftung: Flüssigkeitszufuhr.

2.4.2.2.11. Sauerkleegewächse – *Oxalidaceae*

Verbreitung vorwiegend in den Tropen und Suptropen.

● **Wald-Sauerklee** – *Oxalis acetosella* L.
Hain-Sauerklee

Erkennungsmerkmale

Blüten weiß-rötlich, geadert, am Grunde mit gelbem Fleck, 5zählig. Blüten einzeln, Stiele länger als die Blattstiele.
Frucht eine eiförmige Kapsel.
Blätter grundständig, zart, 3teilig, lang gestielt. Dem Kleeblatt ähnlich.
Stengel einblütig, unbeblättert.
Pflanzenhöhe: 5—12 cm.
Blütezeit: April bis Mai.

Verbreitung: verbreitet. Schattige Laub- und Mischwälder.

Giftstoffe

Bezeichnung und Eigenschaften: Beide genannten Sauerklee-Arten enthalten Oxalsäure und Oxalate (z. B. Kalium- und Kalziumoxalat und gebundene Oxalsäure).
Wirkung: Vergiftungen sind kaum zu befürchten und treten meistens nur bei Schafen nach Aufnahme großer S.-Mengen auf. In diesen Fällen s. Sauer-Ampfer.
Behandlung der Vergiftung: s. Kleiner Ampfer, S. 62

● **Steifer Sauerklee** – *Oxalis stricta* L. (Abb. 30)

Erkennungsmerkmale

Blüten gelb, 5zählig.
Frucht eine 5fächrige Kapsel.
Blätter 3 teilig, kleeartig, etwa 1 cm breit. Ohne Nebenblätter.
Stengel aufrecht, beblättert.
Pflanzenhöhe: 10—30 cm.
Blütezeit: Juni bis Oktober.

Verbreitung: verbreitet. Bebauter Boden, Schutt.

Giftstoffe: s. vorige Art.

Abb. 30. Steifer Sauerklee – *Oxalis stricta.*

Abb. 31. Wiesen-Lein – *Linum catharticum.*

2.4.2.2.12. Leingewächse – *Linaceae*

Die krautigen Arten sind z. T. in der gemäßigten Zone, die holzigen in den Tropen und Subtropen verbreitet.

● **Wiesen-Lein** – *Linum catharticum* L. (Abb. 31)

Erkennungsmerkmale

Blüten weiß, am Grunde gelb, 5—6 mm breit, in rispigen Wickeln. 4—5 Kelch- und Blumenkronblätter.
Frucht eine kugelige Kapsel.

Blätter gegenständig, die unteren verkehrt eiförmig, die oberen lanzettlich.
Stengel dünn, gabelästig.
Pflanzenhöhe: 5—30 cm.
Blütezeit: Juni bis August.

Verbreitung: verbreitet. Wiesen, Ödland.

Giftstoffe: s. Saat-Lein.

● **Saat-Lein** – *Linum usitatissimum* L. (Abb. 32)
Flachs

Erkennungsmerkmale

Blüten himmelblau, in lockeren Trugdolden. 5 Kelch- und Blumenkronblätter. Blüten 2—3 cm breit, nur vormittags geöffnet.
Frucht eine fast kugelige Kapsel. Samen flach, elliptisch, braun, glänzend.
Blätter wechselständig, lanzettlich, 3 nervig.
Stengel aufrecht, einfach.
Pflanzenhöhe: 30—60 cm.
Blütezeit: Juni bis Juli.

Verbreitung: Kulturpflanze.

Giftstoffe

Bezeichnung und Eigenschaften: In beiden Lein-Arten findet man das blausäurehaltige Glykosid Linamarin, aus dem Blausäure freigesetzt werden kann.

Vorkommen: Die Keimpflanze besitzt den höchsten Linamaringehalt, geringer ist der der Samen.

Beeinflussung des Giftgehaltes: Durch Lagerung von Leinsamen bzw. seinen Rückständen (s. u.) nimmt der Blausäuregehalt ab.

Wirkung: Bei der Ölgewinnung aus Leinsamen fallen die für die Tierernährung hochwertigen Rückstände Ölkuchen und Extraktionsschrot an. Leinsamen und deren Rückstände geben bei nasser Verfütterung (z. B. als Trank oder gemischt mit Silage) die Blausäure ab; nicht dagegen bei trockener Verabreichung. Blausäure verhindert das notwendige Beladen der roten Blutkörperchen mit Sauerstoff, so daß der Tod unter Krämpfen und Lähmung, in extremen Fällen innerhalb weniger Sekunden, eintreten kann.

Behandlung der Vergiftung: Bei jeder Blausäurevergiftung ist – soweit noch möglich – schnellste ärztliche bzw. tierärztliche

Abb. 32. Saat-Lein – *Linum usitatissimum.*

Behandlung erforderlich. Zuvor ist sofort durch lauwarmes Salzwasser zu erbrechen.
Anwendung der Giftstoffe: Die Samen dienen als leicht wirkendes Abführmittel sowie zu Umschlägen bei Durchfällen und Magenverstimmungen.

2.4.2.2.13. Wolfsmilchgewächse – *Euphorbiaceae*

Kräuter mit wechselständigen, ungeteilten Blättern sind einheimisch. Die Blüten sind unscheinbar, einfach, nicht in Kelch und Krone gegliedert. Die meisten Vertreter der Familie bevorzugen warme Gegenden. Bedeutungsvoll sind für die Wirtschaft z. B. der Kautschukbaum, *Hevea brasiliensis,* für die Ernährung die

Stärke liefernden Manihot-Arten und der Öl liefernde Rizinus. Etliche Vertreter besitzen heftig hautreizende Harze.

● **Sonnen-Wolfsmilch** – *Euphorbia helioscopia* L.
Sonnenwend-Wolfsmilch

Erkennungsmerkmale

Blüten in 5strahligen, endständigen Trugdolden. Hüllblätter des Gesamtblütenstandes groß, stumpf, keilig. Scheinblüten mit ovalen Drüsen, gelblich.

Frucht eine Kapsel, 3 mm lang, glatt, mit hellgrauen, eiförmigen Samen.

Blätter keilig, verkehrt eiförmig, vorn gesägt, am Grunde stielartig verschmälert.

Stengel aufsteigend, einzeln oder verästelt, wenig beblättert. Pflanzen mit weißem Milchsaft.

Pflanzenhöhe: 10—40 cm.

Blütezeit: Juni bis September.

Verbreitung: verbreitet. Äcker, Gärten, Schutt, Wegränder.

Giftstoffe

Bezeichnung und Eigenschaften: Beide genannten Wolfsmilch-Arten enthalten fettes Öl, noch unbekannte Aminosäuren sowie im Milchsaft Euphorbon (stickstofffrei), Euphorbin und in geringer Konzentration Harze.

Vorkommen: Das fette Öl ist in den Samen bis zu 30% enthalten.
Beeinflussung des Giftgehaltes: Trotz Trocknung und Lagerung bleiben die Giftstoffe erhalten.

Wirkung: Besonders Euphorbon ist ein starkes Reizgift, das auf der Haut zu Blasenbildung, bei Aufnahme zu Magen-Darm-Entzündungen, Krämpfen, Lähmungen und in schweren Fällen zum Tode führt. Bei Rindern kann nach der Aufnahme von Wolfsmilch die Milch scharf schmecken. Auch die Harze wirken hautätzend. Vergiftungen unter den Tieren sind aber selten, da die Wolfsmilch wegen ihres unangenehmen Geschmacks gemieden wird.

Behandlung der Vergiftung: Entfernung der Pflanzenteile aus dem Verdauungstrakt. Tierkohle.

● **Zypressen-Wolfsmilch** – *Euphorbia cyparissias* L.
Bauernrhabarber

Blüten in endständigen, vielstrahligen Trugdolden. Gelbgrün, nach dem Verblühen rot. Scheinblüten mit halbmondförmigen Drüsen.
Frucht eine Kapsel, feinpunktiert, rauh. Samen glatt, grau.
Blätter linealisch, etwa 2 mm breit.
Stengel aufrecht, am Grunde mit braunen Blattschuppen.
Pflanze mit weißem Milchsaft.
Pflanzenhöhe: 15—30 cm.
Blütezeit: April bis Mai.

Verbreitung: verbreitet, an der Küste selten. Wegränder, Hügel.

Giftstoffe: s. vorige Art.

● **Schutt-Bingelkraut** – *Mercurialis annua* L.
Einjähriges Bingelkraut

Erkennungsmerkmale

Blüten gelbgrün, eingeschlechtlich; männliche in geknäuelten, unterbrochenen Ähren, weibliche kurz gestielt, zu 2—3 in den Blattwinkeln. Pflanze zweihäusig.
Blätter gestielt, eirund-lanzettlich.
Stengel aufrecht, 4kantig, knotig.
Pflanzenhöhe: 20—50 cm.
Blütezeit: Juni bis Oktober.

Verbreitung: verbreitet, im Norden selten. Schutt, Zäune, kalkreiche Äcker.

Giftstoffe

Bezeichnung und Eigenschaften: Beide Bingelkraut-Arten enthalten neutrale und saure Saponine, das Öl Merkurialin, eine blausäurehaltige Verbindung und den Farbstoff (Chromogen) Hermidin.
Vorkommen: Das Blausäureglykosid kommt vorwiegend in der Wurzel, das Merkurialin in Samen und Wurzeln vor, während die übrigen Verbindungen sich hauptsächlich im Sproß befinden.
Beeinflussung des Giftgehaltes: Zur Zeit der Fruchtreife ist die Giftkonzentration am höchsten. Durch Trocknung geht die Giftwirkung weitestgehend verloren.
Wirkung: Vergiftungen, wenn auch selten, äußern sich in Durchfall und Blaufärbung der Milch. In schweren Fällen werden Nervenlähmung, Leberschädigung und Schiefhals (Tortikollis) beobach-

tet. Ereignet haben sich Vergiftungen bei Pferd, Schwein und Wiederkäuern, während der Mensch kaum einmal größere Pflanzenmengen aufnehmen dürfte.
Behandlung der Vergiftung: schleimige Mittel und Kohle.
Anwendung der Giftstoffe: In einem alten Kräuterbuch steht: „Das gebrandte Wasser aus der Pflanze in die Nase gezogen, reiniget das Gehirn."

● **Wald-Bingelkraut** – *Mercurialis perennis* L. (Abb. 33)
Mehrjähriges Bingelkraut, Stinkerich

Erkennungsmerkmale

Blüten eingeschlechtlich, weibliche Blüten gestielt. Pflanze zweihäusig.
Blätter gestielt.
Stengel rund, unverzweigt, im unteren Teil nur mit Schuppenblättern.
Pflanzenhöhe: 15—30 cm.
Blütezeit: April bis Mai.
Verbreitung: verbreitet, im Norden selten. Schattenpflanze, Laubwälder, besonders unter Buchen.
Giftstoffe: s. vorige Art.

2.4.2.2.14. Buchsbaumgewächse – *Buxaceae*

● **Gemeiner Buchsbaum** – *Buxus sempervirens* L.

Erkennungsmerkmale

Blüten gelbweiß, ährig, geknäuelt in den Blattwinkeln. Eine endständige weibliche Blüte zwischen den männlichen.
Frucht eine 3hörnige Kapsel.
Blätter gegenständig, oval, ledrig, immergrün.
Pflanzenhöhe: 0,3—4 m hoher Strauch oder Baum.
Blütezeit: März bis April.
Verbreitung: häufiger Zierstrauch. Wild selten in Süddeutschland.

Giftstoffe

Bezeichnung und Eigenschaften: Enthalten ist ein Alkaloidgemisch aus dem Hauptalkaloid Buxin und den hauptsächlichsten Nebenalkaloiden Buxanin, Buxatin, Buxandrin, Buxepitin und Buxandonin.

Vorkommen: Alkaloidreich sind vorwiegend die Blätter und die Rinde.

Wirkung: Es werden Durchfall, Erbrechen, Krämpfe und schließlich Lähmungen des Zentralnervensystems beobachtet. Vergiftungen sind bei allen landwirtschaftlichen Nutztieren gleichermaßen beobachtet worden. So führen bereits 750 g Blätter beim Pferd zum Tode.

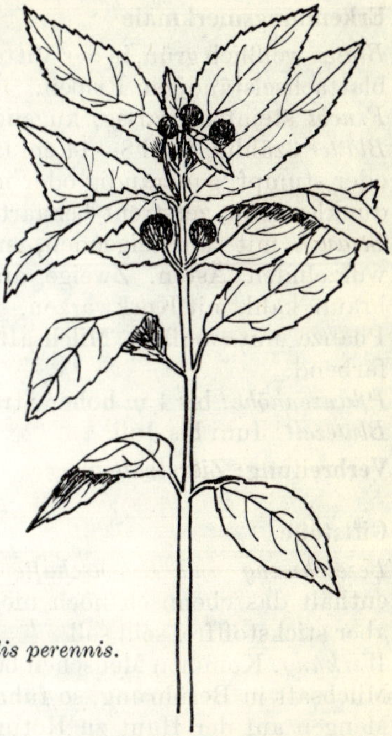

Abb. 33. Wald-Bingelkraut – *Mercurialis perennis.*

Behandlung der Vergiftung: Es sind die gleichen Behandlungsmethoden wie nach der Vergiftung durch Wasserschierling (s. S. 126) erforderlich.

2.4.2.2.15. Sumachgewächse – *Anacardiaceae*

● **Gift-Sumach** – *Rhus toxicodendron* L.
Giftiger Efeu

Erkennungsmerkmale

Blüten weißlich grün, in der Mitte rot, eingeschlechtlich, in lockeren, blattachselständigen Rispen.
Frucht steinfruchtartig, kugelig, erbsengroß, gelblich, 10furchig.
Blätter 3zählig, Stiel 8—14 cm lang. Blättchen länglich, zugespitzt oder stumpf, ganzrandig oder in der Mitte grob gesägt. Oberseits dunkler grün, zerstreut behaart, unterseits heller.
Strauch mit aufsteigenden, niederliegenden, kletternden und wurzelnden Ästen. Zweige anfangs grün, weichhaarig, später braun, kahl, mit Korkwarzen.
Pflanze mit weißem Milchsaft, an der Luft sich schwärzlich färbend.
Pflanzenhöhe: bis 1 m hoher Strauch.
Blütezeit: Juni bis Juli.

Verbreitung: Zierstrauch.

Giftstoffe

Bezeichnung und Eigenschaften: Der giftig wirkende Milchsaft enthält das chemisch noch nicht völlig bekannte Rhusgift, das aber stickstofffrei sein soll.
Wirkung: Kommen Menschen beim Pflücken von Zweigen mit dem Milchsaft in Berührung, so führt das Rhusgift bereits in geringen Mengen auf der Haut zu Rötungen, Ausschlag, äußerst starkem Juckreiz und Fieber. Nehmen Tiere Pflanzenteile auf, so tritt nach blutigem Durchfall, Magen-Darm-Entzündung, Kolik und Erregung der Tod ein.
Behandlung der Vergiftung: Magenspülungen und Kohle.
Anwendung der Giftstoffe: Früher wurde Rhusgift bei rheumatischen Erkrankungen angewandt.

2.4.2.2.16. Stechhülsengewächse – *Aquifoliaceae*

In Europa findet man nur wenige Vertreter, die meisten Pflanzen bevorzugen ein gemäßigt warmes Klima. Die Blätter einer in Südamerika wachsenden Art *(Ilex paraguariensis)* werden als

Genußmittel (Mate-Tee) verwendet. Eine in den südlichen USA wachsende Art *(Ilex vomitoria)* liefert den Apalachen-Tee.

● **Stechhülsen** – *Ilex aquifolium* L. (Abb. 34)
Stechpalme, Stecheiche. Geschützt!

Erkennungsmerkmale

Blüten klein, weiß, gehäuft in den Blattwinkeln.
Früchte korallenrote, erbsengroße Steinfrüchte mit 4—5 Samen.

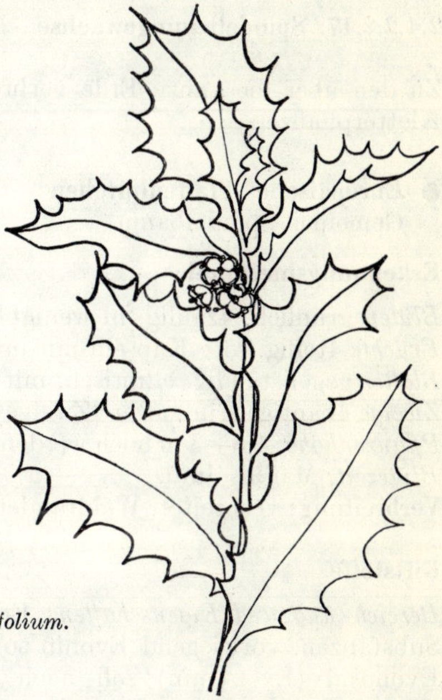

Abb. 34. Stech-Hülsen – *Ilex aquifolium.*

Blätter immergrün, ledrig-starr, dornig ausgerandet, nur die oberen Blätter an hohen Bäumen mit glattem Rand.
Pflanzenhöhe: 1—6 m hoch werdender Strauch oder Baum.
Blütezeit: Mai bis Juni.
Verbreitung: selten, Südwest- und Nordwestdeutschland. Wälder. Zierstrauch.

Giftstoffe

Bezeichnung und Eigenschaften: Enthalten sind ein Glykosid mit Saponineigenschaften, verschiedene Polyphenole (Ilixanthin,

Rutin, u. a.) und geringe Mengen des Alkaloids Theobromin (ein Purinalkaloid).
Vorkommen: Vorwiegend sind die Substanzen in Blättern und Früchten zu finden.
Wirkung: Besonders bei Kindern kommt es nach dem Essen von Beeren zum Erbrechen und zu Durchfällen. In schweren Fällen treten auch tödliche Vergiftungen auf.

2.4.2.2.17. Spindelbaumgewächse – *Celastraceae*

Zu den über die ganze Erde verbreiteten Pflanzen zählen viele Kletterpflanzen.

● **Europäisches Pfaffenhütchen** – *Euonymus europaea* L.
Gemeiner Spindelbaum

Erkennungsmerkmale

Blüten grünlich, 4zählig, in wenigblütigen Trugdolden.
Früchte 4teilig, rote Kapseln mit orangefarben umhüllten Samen.
Blätter gegenständig, elliptisch, mit fein gesägtem Blattrand.
Zweige 4kantig, grün, ältere Zweige grau.
Pflanzenhöhe: 1,5—3 m hoch werdender Strauch.
Blütezeit: Mai bis Juni.
Verbreitung: verbreitet. Waldränder, Hecken, Gebüsche.

Giftstoffe

Bezeichnung und Eigenschaften: Enthalten sind alkaloidähnliche Substanzen, vorwiegend Evonin sowie herzwirksame Stoffe. Das Evonosid (Evonymin) soll nach chemischen Reaktionen den Wirkstoffen des Roten Fingerhuts (s. S. 149) ähnlich sein.

Vorkommen: Giftig sind Samen, Blätter und Rinde. Die Samen enthalten vorwiegend das Evonosid.

Beeinflussung des Giftgehaltes: Die Blätter besitzen im Sommer den höchsten Giftgehalt.

Wirkung: Es kommt zu Darmentzündung, Durchfall, Krämpfen und Schädigung des Kreislaufs. Vergiftungen sind selten, werden aber bei Pferd, Schaf und Ziege beobachtet. Beim Menschen treten Vergiftungsfälle nach dem Essen von Beeren (besonders bei Kindern) auf.

Behandlung der Vergiftung: Verabreichung von Kohle und Abführmitteln.
Anwendung der Giftstoffe: Früher wurde die pulverisierte Frucht gegen Ungeziefer verwendet.

2.4.2.2.18. Kreuzdorngewächse – *Rhamnaceae*

● **Faulbaum** – *Rhamnus frangula* L. (Abb. 35)
Pulverbaum

Erkennungsmerkmale

Blüten weiß-grünlich, 5zählig, zu 2—10 in blattaschelständigen Trugdolden.
Früchte zuerst grün, dann rot, dann schwarz. Erbsengroße, beerenartige Steinfrüchte.
Blätter wechselständig, ganzrandig, beiderseits der Mittelrippe mit 6—8 Seitennerven.

Abb. 35. Faulbaum – *Rhamnus frangula.*

Zweige wechselständig, nicht in Dornen endend.
Pflanzenhöhe: 1—4 m hoher Strauch oder Baum.
Blütezeit: Mai bis Juni.
Verbreitung: verbreitet. Feuchte Wälder, Gebüsche.

Giftstoffe

Bezeichnung und Eigenschaften: Sowohl im Faulbaum als auch im Kreuzdorn wurde ein Glykosid nachgewiesen, das als einen Bestandteil ein Abführmittel (Emodin) enthält.
Vorkommen: Der Inhaltsstoff ist vorwiegend in den unreifen Früchten, aber auch in reifen sowie in den Blättern und der Rinde enthalten.
Wirkung: Die Vergiftungserscheinungen äußern sich in Kolik, Durchfall und Fieber. Besonders betroffen sind Kinder nach der Aufnahme unreifer Früchte und Rinder durch Beweiden des gesamten Strauches.
Behandlung der Vergiftung: Kohle, Magenspülungen und Brechmittel.
Anwendung der Giftstoffe: Besonders Faulbaum-Rinde und Kreuzdorn-Beeren finden als Abführmittel Verwendung. Die Pflanzenteile werden auch als Bestandteile verschiedener Arzneifertigpräparate verwendet.

● **Echter Kreuzdorn** – *Rhamnus cathartica* L.
Hirschdorn, Hexendorn

Erkennungsmerkmale

Blüten grünlich, 4zählig, in blattachselständigen Trugdolden.
Früchte schwarz, erbsengroß. Beerenartige Steinfrüchte.
Blätter gegenständig oder gebüschelt, Blattrand fein gesägt. Beiderseits der Mittelrippe 2—3 Seitennerven.
Zweige in Dornen endend.
Pflanzenhöhe: 1—3 m hoher Baum oder Strauch.
Blütezeit: Mai bis Juni.
Verbreitung: verbreitet. Gebüsche, Waldränder.
Giftstoffe: s. vorige Art.

2.4.2.2.19. Hartheugewächse – *Hypericaceae*

Aus der Gattung Hartheu sind alle übrigen Vertreter fast nur in den Tropen verbreitet.

● **Tüpfel-Hartheu** – *Hypericum perforatum* L. (Tafel XVb)
Perforiertes Johanniskraut, Liebfrauen-Bettstroh

Erkennungsmerkmale

Blüten goldgelb, 5strahlig, in Trugdolden.

Frucht eine 3fächrige Kapsel, eiförmig, 3kantig. Zahlreiche dunkelbraune Samen.

Blätter oval, gegenständig, durchscheinend punktiert.

Stengel aufrecht kahl, 2kantig, markig.

Pflanzenhöhe: 30—60 cm.

Blütezeit: Juli bis September.

Verbreitung: verbreitet. Wegränder, Bahndämme, Wiesen.

Giftstoffe

Bezeichnung und Eigenschaften: Der Hauptwirkstoff des Tüpfel-H., der rote Farbstoff Hyperizin, ist chemisch verwandt mit dem Fagopyrin des Buchweizen. Ferner kommen noch Pseudohyperizin, ätherische Öle, möglicherweise Saponine, ja selbst Alkaloide und Nikotinsäure vor.

Vorkommen: Das Hyperizin ist vorwiegend in den Blütenblättern und Stengeln angereichert.

Beeinflussung des Giftgehaltes: Selbst im Heu ist die Wirksamkeit des Hyperizins nicht eingeschränkt.

Wirkung: Durch die Aufnahme von Hyperizin, das eine sogenannte photosensibilisierende Substanz ist, werden weiße und hellhäutige Tiere gegenüber dem Licht überempfindlich. Diese Krankheit bezeichnet man als photodynamische oder Licht-Krankheit. Die dem Licht am meisten ausgesetzten ungeschützten Hautpartien sind gerötet und geschwollen. Diese Erscheinungen gehen manchmal, besonders bei Schafen, auch auf die Lippen und Augenlider über. Dunkle Tiere bzw. die dunklen Hautstellen, z. B. bei den Rindern, zeigen keine Krankheitserscheinungen.

Behandlung der Vergiftung: Die Gesundung der Tiere setzt ein, wenn sie in den Schatten oder in den Stall gebracht werden und kein Hartheu mehr verfüttert wird.

Anwendung der Giftstoffe: Die getrockneten Blätter sind in Lebertees enthalten.

2.4.2.2.20. Seidelbastgewächse – *Thymelaeaceae*

● **Gemeiner Seidelbast** – *Daphne mezereum* L. (Tafel XVIa, b)
Kellerhals. Geschützt!

Erkennungsmerkmale

Blüten rosa-rot, 4zipflig, schon vor den Blättern erscheinend. Zu 3 in dichter Folge an den Zweigen sitzend.
Frucht eine 1samige rote Beere, erbsengroß.
Blätter kurz gestielt, lanzettlich, ganzrandig.
Äste grau-hellbraun, wenig verzweigt.
Pflanzenhöhe: 40—120 cm hoher Strauch.
Blütezeit: März bis April.
Verbreitung: zerstreut, im Norden selten oder fehlend. Laubwälder, Gebüsche, Zierstrauch.

Giftstoffe

Bezeichnung und Eigenschaften: Enthalten sind das harzartige, stickstofffreie Mezerein, das ungiftige Daphnin (Kumaringlykosid) und ein ätherisches Öl.
Vorkommen: Mezerein findet man besonders in der Rinde und in den Früchten.
Beeinflussung des Giftgehaltes: Weder durch Trocknung noch durch feuchte Lagerung der Pflanze werden die Giftstoffe zerstört.
Wirkung: Das sehr stark wirkende Reizgift Mezerein führt auf der Haut zu Schwellungen und Entzündungen. Bei Aufnahme werden der Verdauungstrakt, Nieren, Kreislauf und Nervensystem geschädigt. Bereits 3 Früchte führten beim Schwein und 30 g Rinde beim Pferd zum Tode. Kinder verstarben schon nach dem Genuß von 10 Beeren.

2.4.2.2.21. Efeugewächse – *Araliaceae*

● **Gemeiner Efeu** – *Hedera helix* L. (Tafel XVIIa)
Eifen, Eppich

Erkennungsmerkmale

Blüten grünlich, in Dolden.
Frucht zunächst grün, im folgenden Frühjahr eine blauschwarze Beere.

Blätter wechselständig, immergrün, ledrig, glänzend, 5lappig, an fruchtenden Zweigen ungeteilt, eiförmig-lanzettlich.
Als Strauch mit Haftwurzeln kletternd.
Pflanzenhöhe: 3—15 m hoch als Strauch.
Blütezeit: September bis November.

Verbreitung: Wälder, Bäume, Mauern. Zierpflanze.

Giftstoffe

Bezeichnung und Eigenschaften: Die Pflanze enthält als Giftsubstanz das Saponin Hederin.
Vorkommen: Vorwiegend sind die Beeren giftig.
Wirkung: Besonders bei Kindern führen verzehrte Beeren zu Durchfällen und zum Erbrechen; auch Todesfälle sind aufgetreten. Tiere nehmen kaum einmal so große, zu Schäden führende Efeu-Mengen auf.
Behandlung der Vergiftung: Eine Behandlung der Vergiftung ist durch Aktivkohle oder durch Magenspülung möglich.

2.4.2.2.22. Doldengewächse – *Apiaceae (Umbelliferae)*

Stauden oder Kräuter mit knotigen Stengeln. 5zählige kleine Blüten in Döldchen, die zu Dolden zusammengesetzt sind. Am Grunde der Dolden können sich Hüllblätter befinden, am Grunde der Döldchen Hüllchenblätter.

● **Betäubender Kälberkropf** – *Chaerophyllum temulum* L. (Abb. 36)
Taumel-Kälberkropf, Taumelkerbel

Erkennungsmerkmale

Blüten weiß. 6 gewimperte Hüllchenblätter, Hüllblätter fehlen.
Frucht schwärzlich, heller gerippt, ungeschnäbelt, etwa 7 mm lang.
Blätter doppelt gefiedert, Blättchen mit stumpfen Zipfeln.
Stengel aufrecht, kantig, verzweigt, zerstreut rauhhaarig, unter den Knoten etwas verdickt, mitunter rot gefleckt.
Pflanzenhöhe: 30—120 cm.
Blütezeit: Mai bis Juli.

Verbreitung: verbreitet. Gebüsche, Zäune, Mischwälder.

Giftstoffe

Bezeichnung und Eigenschaften: Es ist das mäßig giftig wirkende Alkaloid Chärophyllin enthalten.

Vorkommen: Besonders angereichert ist das Alkaloid im Sproß und in den Samen.

Wirkung: Nach Aufnahme größerer Mengen Chärophyllins kommt es zu Betäubung, Durchfall, Pupillenerweiterung und Lähmung.

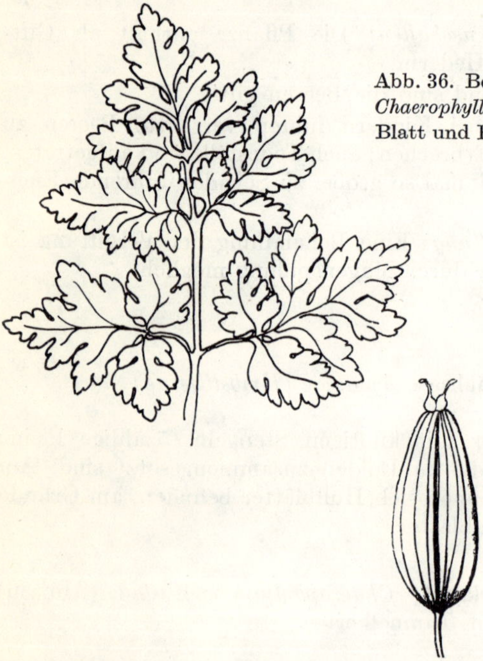

Abb. 36. Betäubender Kälberkropf – *Chaerophyllum temulum*, Blatt und Frucht.

Die Wirkung ist ähnlich der des Temulins im Taumel-Lolch (s. S. 46). Vergiftungen unter den landwirtschaftlichen Nutztieren sind selten und bisher vorwiegend bei Rind und Schwein nach Aufnahme von Betäubendem K. mit dem Grünfutter beschrieben worden.

Behandlung der Vergiftung: Günstig sind Aktivkohle und Mittel, die zum Erbrechen führen bzw. eine Entfernung der Giftstoffe aus dem Pansen bewirken.

● **Gefleckter Schierling** – *Conium maculatum* L. (Abb. 37)
Blutschierling, Tollkerbe

Erkennungsmerkmale

Blüten weißlich. Dolden 10—20strahlig, am Grunde mit vielblättriger Hülle. 3—5 Hüllchenblätter vorhanden.

Frucht grünlich-grau, etwas zusammengedrückt, durch wellig gekerbte Rippen warzig erscheinend, 3 mm lang.

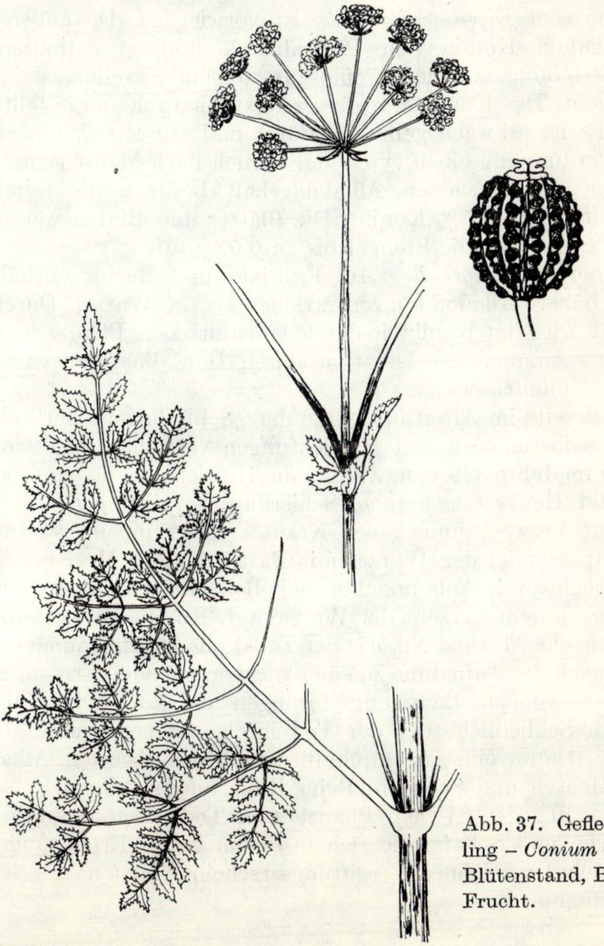

Abb. 37. Gefleckter Schierling – *Conium maculatum*. Blütenstand, Blatt und Frucht.

Blätter dunkelgrün, glänzend, 3fach fiederteilig. Blättchen mit gesägtem Rand und weiß bespitzten Zipfeln.
Stengel aufrecht, rund, fein gerillt. Besonders im unteren Teil braunrot gefleckt, oben sehr ästig.
Welkendes Kraut mit Mäusegeruch.
Pflanzenhöhe: 80—200 cm.
Blütezeit: Juni bis September.
Verbreitung: zerstreut. Wegränder, Zäune, Schutt.

Giftstoffe

Bezeichnung und Eigenschaften: Es ist vorwiegend das äußerst giftige Alkaloid Koniin (ein Piperidinabkömmling) enthalten, dessen Entstehung von der Aminosäure (einem Eiweißbaustein) Lysin ausgeht. Das Koniin war das erste synthetisch dargestellte Alkaloid. Es ist schwach gelblich gefärbt und ergibt selbst noch in hoher Verdünnung einen typischen Geruch nach Mäuseharn.
Vorkommen: Den höchsten Alkaloidgehalt besitzen die reifen Früchte mit bis zu 3,5 % Koniin. Die Blätter und Blüten weisen Werte bis zu 0,25 %, die Stengel bis zu 0,5 % auf.
Beeinflussung des Giftgehaltes: Im Frühjahr und Herbst enthält der Sproß höhere Alkaloidkonzentrationen als die Wurzel. Durch Lichteinfluß wird das Koniin in der abgeschnittenen Pflanze u. a. in flüchtiges Ammoniak zersetzt, wodurch Heu, das Gefleckten Sch. enthält, ungiftig wirkt.
Wirkung: Bereits im Altertum wurde der „Schierlingsbecher“ als Mittel bei Selbstmorden und Hinrichtungen verwendet. So wird von Plato im Jahre 399 v. u. Z. über die Hinrichtung des Sokrates berichtet. Heutzutage beruhen Schierlings-Vergiftungen hauptsächlich auf Verwechslungen des Krautes mit Suppengewürzen wie Gartenpetersilie, der Wurzel mit Pastinak oder Meerrettich und der Früchte mit Anis und Fenchel. Bei Kindern treten Vergiftungen nach dem Verzehr der Wurzel auf. Koniin übt dieselbe Wirkung wie das Alkaloid Nikotin der Tabakpflanze aus. Zunächst kommt es nach der Aufnahme zu einer vorübergehenden Erregung, die von Depressionen, Bewegungsstörungen und Lähmungen abgelöst wird. Schließlich tritt der Tod infolge immer weiter abnehmender Atmung ein. Am empfindlichsten gegenüber dem Alkaloid sind Mensch und Schwein. Beim Rind führen 4 kg und bei Enten etwa 50 g der frischen Pflanze zum Tode. Demgegenüber zeigen Ziegen und Schafe, die sich in einem guten Ernährungszustand befinden, keine Vergiftungserscheinungen nach der Pflanzenaufnahme.

Behandlung der Vergiftung: Als geeignet erweisen sich Brech- und Abführmittel, ferner Aktivkohle zum Binden und Gerbsäure zum Neutralisieren des Alkaloids. Unterstützt werden diese Maßnahmen durch mäßig erhöhte Flüssigkeitsaufnahme, um die Harnausscheidung anzuregen.

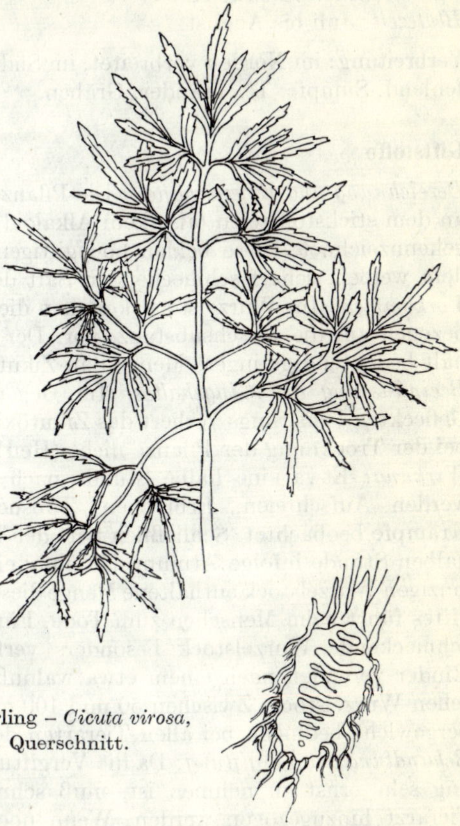

Abb. 38. Gift-Wasserschierling – *Cicuta virosa*, Blatt und Wurzelstock im Querschnitt.

● **Gift-Wasserschierling** – *Cicuta virosa* L. (Abb. 38)
Wüterich, Kuhtod

Erkennungsmerkmale

Blüten weißlich. Hüllblätter fehlen, Hüllchenblätter 3 oder mehrere. *Frucht* braun-gelb, dunkelbraun gestreift, 2 mm lang, 3 mm breit.

Blätter 2—3fach fiederteilig, Blättchen lanzettlich, scharf gesägt.
Stengel aufrecht, kahl.
Wurzelstock dickfleischig, quergekammert.
Pflanze mit unangenehmem Geruch.
Pflanzenhöhe: 30—120 cm.
Blütezeit: Juli bis August.

Verbreitung: im Norden verbreitet, im Süden zerstreut, im Gebirge fehlend. Sümpfe, Teichränder, Gräben.

Giftstoffe

Bezeichnung und Eigenschaften: Die Pflanze ist durch ihren Gehalt an dem stickstofffreien (also kein Alkaloid) Zikutoxin und Zikutol gekennzeichnet. Diese beiden hochgiftigen Komponenten sind in dem weißen, scharf schmeckenden Saft der Pflanze enthalten.
Vorkommen: Im Wurzelstock kommen die Giftstoffe bis zu 0,2 %, bezogen auf die Frischsubstanz, vor. Der Sproß der Pflanze enthält bedeutend geringere Mengen an Zikutoxin.
Beeinflussung des Giftgehaltes: Im Gegensatz zum Koniin des Gefleckten Schierlings verliert das Zikutoxin seine giftige Wirkung bei der Trocknung der Pflanze nicht (Heu!).
Wirkung: Etwa eine halbe Stunde nach Aufnahme der Pflanze werden Aufschreien, Erbrechen, Tobsuchtsanfälle und starke Krämpfe beobachtet. Schließlich tritt der Tod nach einer weiteren halben Stunde infolge Atmungslähmung ein. Bereits die in einem einzigen Wurzelstock enthaltene Menge dieses gefährlichen Krampfgiftes führt beim Menschen zum Tode. Für Kinder ist der süßlich schmeckende Wurzelstock besonders verführerisch. Pferde und Rinder verenden nach einem etwa walnußgroßen Stück vom frischen Wurzelstock. Zwischen 50 und 100 mg Zikutoxin je kg Körpergewicht bedingen bei allen Tierarten den Tod.
Behandlung der Vergiftung: Da die Vergiftung durch Wasserschierling sehr ernst zu nehmen ist, muß schnellstens ein Arzt bzw. Tierarzt hinzugezogen werden. Wenn noch keine Krämpfe aufgetreten sind, ist eine Magenspülung mit evtl. vorhandenem Kaliumpermanganat (1 ‰) günstig.
Anwendung der Giftstoffe: In entsprechender Dosierung regt Zikutoxin die Gehirn- und Rückenmarkfunktion und dadurch auch das Atmungszentrum an. In einem alten Kräuterbuch steht: „Euserlich aber vor den Krebs, übrige Milch, grosse Brüste, und zu den Augen-Artzneyen.“

● **Großer Merk** – *Sium latifolium* L. (Abb. 39)
Breitblättriger Merk

Erkennungsmerkmale

Blüten weiß. Hüll- und Hüllchenblätter sind vorhanden.
Blätter einfach gefiedert. Blättchen schief lanzettlich, am Rande scharf gesägt. Untergetauchte Blätter doppelt gefiedert mit linealischen Zipfeln.

Abb. 39. Großer Merk – *Sium latifolium.*

Stengel aufrecht, gefurcht.
Pflanzenhöhe: 60—120 cm.
Blütezeit: Juli bis August.
Verbreitung: im Norden verbreitet, im Süden selten. Gräben, Ufer.

Giftstoffe

Bezeichnung und Eigenschaften: Pflanzen mit giftig wirkenden ätherischen Ölen und Harzen.
Vorkommen: Vorwiegend die Früchte und Wurzeln enthalten die Substanzen.

Wirkung: Die Inhaltsstoffe führen zu Kolik und Magen-Darm-Reizungen. M. ist für Menschen und Rinder giftig.
Behandlung der Vergiftung: Geeignet sind Brechmittel, Kohleaufschwemmungen, zur Not auch Milch und Haferschleim. Reichliche Flüssigkeitszufuhr und dadurch bedingt verstärkte Harnabsonderung wirken sich auf den Krankheitsverlauf günstig aus.

● **Wasser-Pferdesaat** – *Oenanthe aquatica* (L.) Poir. (Abb. 40)
Wasser-Rebendolde, Wasserfenchel

Abb. 40. Wasser-Pferdesaat – *Oenanthe aquatica*, Blatt.

Erkennungsmerkmale

Blüten weiß. Vielstrahlige Dolden ohne Hüllblätter. Hüllchenblätter sind vorhanden.
Frucht mit 5 breiten Rippen, etwa 4 mm lang, 1,5 mm breit.
Blätter 2—3fach gefiedert und oft mit rückwärts gerichteten Zipfeln. Unterwasserblätter mit fädigen Zipfeln.
Stengel sperrig ästig, dick, hohl. Im Wasser stehende Pflanzen unten mit 3 cm, am Land stehende mit nur 6 mm dicken Stengeln.
Pflanzenhöhe: 30—120 cm.
Blütezeit: Juli bis August.
Verbreitung: in Niederungen verbreitet, im Hügelland zerstreut. Moorige Wiesen, Gräben, Seeufer.

Giftstoffe

Bezeichnung und Eigenschaften: Alle Pferdesaat-Arten enthalten Substanzen, die sich in ihrer Giftwirkung wie das Zikutoxin im Gift-Wasserschierling verhalten.

Wirkung: Bei Tieren tritt nach Aufnahme der Pflanzen häufig sehr schnell der Tod ein, ohne daß es vorher zu Krankheits-

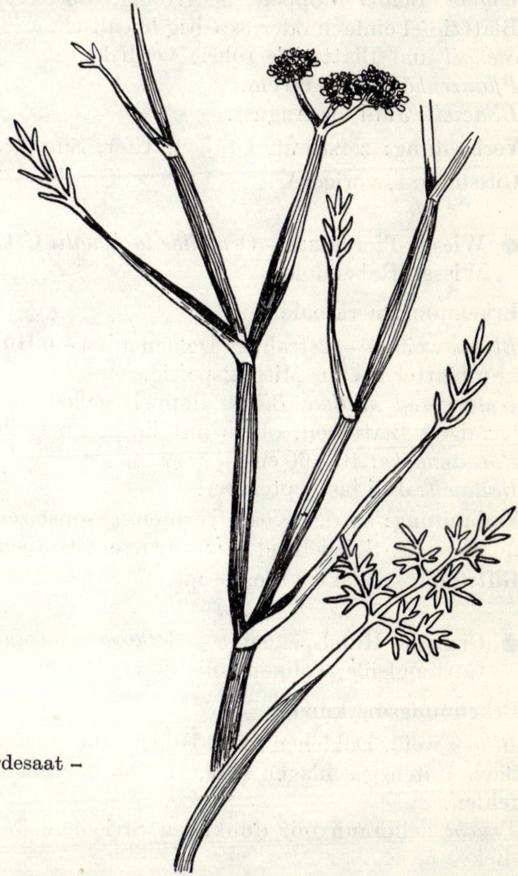

Abb. 41. Röhrige Pferdesaat – *Oenanthe fistulosa.*

erscheinungen kam. Sonst werden Durchfall und Krämpfe beobachtet. Als besonders emfindlich gelten Pferd, Rind und Schwein, während Schaf und Kaninchen für die Gifte weniger empfänglich sind.

Behandlung der Vergiftung: Beim Kaninchen haben sich Barbiturate bewährt.

● **Röhrige Pferdesaat** – *Oenanthe fistulosa* L. (Abb. 41)
Röhrige Rebendolde

Erkennungsmerkmale

Blüten rötlich-weiß. Endständige Dolden 3strahlig, seitenständige 3—5strahlig. Hüllblätter fehlend oder 1—2.
Untere Blätter doppelt fiederteilig, obere einfach fiederteilig. Blattzipfel einfach oder 3spaltig linealisch.
Stengel und Blattstiele röhrig verdickt.
Pflanzenhöhe: 30—60 cm.
Blütezeit: Juni bis August.

Verbreitung: zerstreut. Gräben, Ufer, Sümpfe.

Giftstoffe: s. vorige Art.

● **Wiesen-Pferdesaat** – *Oenanthe lachenalii* C. C. Gmel.
Wiesen-Rebendolde

Erkennungsmerkmale

Blüten weiß. 5—12strahlige Dolden mit 4—6 Hüllblättern. Blumenkronblätter bis zur Mitte 2spaltig.
Untere und mittlere Blätter doppelt gefiedert mit keil- oder einförmigen Blättchen, obere mit lineal-lanzettlichen Zipfeln.
Pflanzenhöhe: 40—60 cm.
Blütezeit: Juli bis September.

Verbreitung: an der Küste verbreitet, sonst zerstreut, vorwiegend im Westen. Salzliebend, Sumpfwiesen, Gräben.

Giftstoffe: s. Wasser-Pferdesaat.

● **Gemeine Hundspetersilie** – *Aethusa cynapium* L. (Abb. 42)
Gartengleiße, Tollpetersilie

Erkennungsmerkmale

Blüten weiß. Döldchen mit 3 Hüllchenblättchen, die einseitswendig nach unten geschlagen sind. Hüllblätter am Grunde der Dolden fehlen.
Frucht hellbraun mit dunkleren Striemen, 3—5 mm lang, 2 mm dick.
Die grundständigen Blätter lang gestielt.
Stengel aufrecht, ästig, gerillt.
Pflanzenhöhe: 10—120 cm.
Blütezeit: Juni bis September.

Verbreitung: gemein. Gärten. Äcker, Zäune.

Giftstoffe

Bezeichnung und Eigenschaften: Ein ätherisches Öl, das unangenehm, u. a. schwach knoblauchartig riecht. An der Giftwirkung selbst dürfte es kaum beteiligt sein, sondern das darin in geringer Menge vorkommende Koniin (s. Gefleckter Schierling) sowie weitere Giftstoffe mit koniinähnlichem Aufbau.

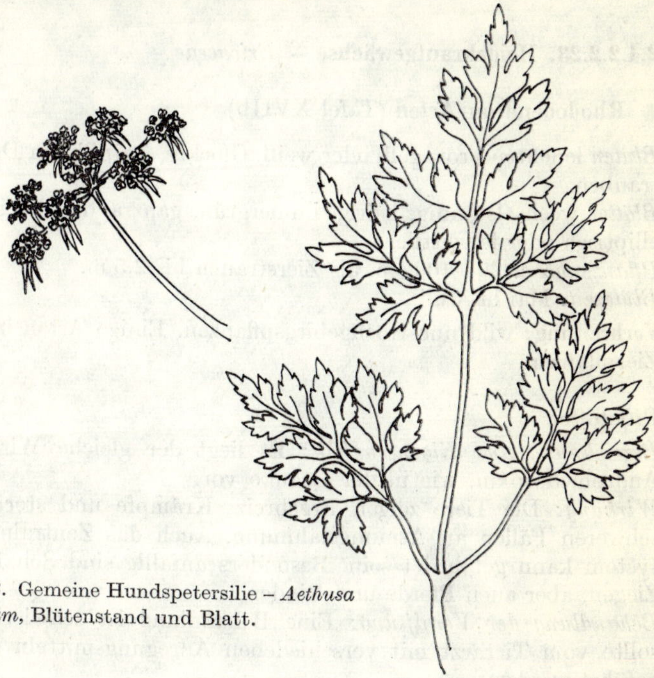

Abb. 42. Gemeine Hundspetersilie – *Aethusa cynapium,* Blütenstand und Blatt.

Vorkommen: Die Alkaloide sind sowohl in der frischen als auch in der trockenen Pflanze gleichmäßig verteilt,, wobei jedoch die Koniinkonzentration etwa 1/10000 der im Gefleckten Schierling beträgt.

Wirkung: Die Vergiftungserscheinungen verlaufen ähnlich wie beim Gefleckten Schierling angegeben. Beim Menschen treten Vergiftungen auf, wenn die Hundspetersilie mit Echter Petersilie, d. h. mit der sehr ähnlichen Wurzelpetersilie verwechselt wird. Kommt H. in geringer Menge zwischen der Echten Petersilie vor, wird sie leicht übersehen. So ereigneten sich Todesfälle nach dem Trinken von Brühe, die neben Echter auch Hundspetersilie ent-

hielt. Wenn diese auch infolge ihres unangenehmen Geruches von Tieren nicht bevorzugt aufgenommen wird, so treten doch Vergiftungen mit Todesfolgen auf. Über die Empfindlichkeit der einzelnen Tierarten s. beim Gefleckten Schierling.
Behandlung der Vergiftung: s. Gefleckter Schierling.

2.4.2.2.23. Heidekrautgewächse – *Ericaceae*

● **Rhododendron-Arten** (Tafel XVIIb)

Blüten leuchtend rot, gelb oder weiß. Glockig, 5 zipflig, in Doldentrauben.
Blätter wechselständig, ledrig, immergrün, ganzrandig, lang oval, elliptisch oder lanzettlich.
Pflanzenhöhe: 20—100 cm, als Zierstrauch bis 2,5 m.
Blütezeit: Mai bis Juli.
Verbreitung: wild nur Hochgebirgspflanzen. Einige Arten häufige Zierpflanzen.

Giftstoffe

Bezeichnung und Eigenschaften: Es liegt der gleiche Wirkstoff, Andromedotoxin, wie in der Gränke vor.
Wirkung: Die Tiere zeigen Brechreiz, Krämpfe und sterben in schweren Fällen an Atmungslähmung. Auch das Zentralnervensystem kann gefährdet sein. Besonders anfällig sind Schafe und Ziegen, aber auch Pferde und Rinder.
Behandlung der Vergiftung: Eine Behandlung ist schwierig. Sie sollte vom Tierarzt mit verschiedenen Anregungsmitteln durchgeführt werden.

● **Polei-Gränke** – *Andromeda polifolia* L. (Abb. 43)
Lavendelheide, Polei-Rosmarinheide

Erkennungsmerkmale

Blüten rötlich-weiß, glockig, eiförmig, lang gestielt, nickend, doldig. Kelch und Blütenstiel rot gefärbt.
Frucht eine Kapsel, aufrecht, braun, trocken.
Blätter wechselständig, immergrün, kurz gestielt, lederartig, lineal-lanzettlich, ganzrandig mit eingerolltem Rand.
Stengel holzig, kriechend-aufsteigend, wenigästig.

Pflanzenhöhe: 15—30 cm.
Blütezeit: Mai bis August.

Verbreitung: zerstreut. Hochmoore.

Giftstoffe

Bezeichnung und Eigenschaften: Enthalten ist Andromedotoxin, ein Glykosid. Die Giftigkeit ähnelt dem Akonitin im Eisenhut.
Vorkommen: Die Substanz ist in Blüten und Blättern zu finden.

Abb. 43. Polei-Gränke – *Andromeda polifolia.*

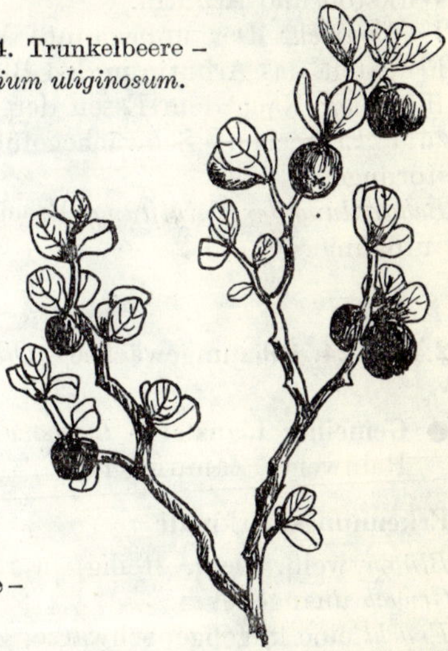

Abb. 44. Trunkelbeere – *Vaccinium uliginosum.*

Wirkung: Es stellen sich Krämpfe, Erbrechen und Atmungslähmung ein (s. auch Eisenhut, S. 72). Besonders anfällig sind Schafe und Ziegen.
Behandlung der Vergiftung: s. Eisenhut.

● **Trunkelbeere** – *Vaccinium uliginosum* L. (Abb. 44)
Moorbeere, Rauschbeere, Dummbeere, Kronsbeere

Erkennungsmerkmale

Blüten weißlich oder rötlich, blattachselständig. Blumenkrone eikrugförmig mit 4—5 zurückgeschlagenen Zipfeln, hängend.
Frucht eine kugelig-birnenförmige, blaue, bereifte Beere, 7—10 mm lang. Saft farblos. Samen hellbraun.
Blätter wechselständig, blaugrün, sommergrün, derb, verkehrt eiförmig, ganzrandig, sehr kurz gestielt, stumpf.

Zweige rundlich, braun.
Pflanzenhöhe: 30—100 cm hoch werdender Strauch.
Blütezeit: Mai bis Juni.

Verbreitung: im Norden, in den Mittelgebirgen und in den Alpen zerstreut, sonst selten. Moore, moorige Heiden und Wälder.

Giftstoffe

Bezeichnung und Eigenschaften: Enthalten sind ein unbekannter Wirkstoff und Arbutin.
Vorkommen: Der unbekannte Wirkstoff ist vorwiegend in den Früchten, das Arbutin in den Blättern angereichert.
Wirkung: Nach dem Essen der Beere kommt es beim Menschen zum Erbrechen, Schwächegefühl, zu Erregung und Schluckstörungen.
Behandlung der Vergiftung: Brechmittel und keine weitere Beerenaufnahme.

2.4.2.2.24. Ölbaumgewächse – *Oleaceae*

● **Gemeiner Liguster** – *Ligustrum vulgare* L. (Tafel XVIIIa)
Rainweide, Zaunriegel

Erkennungsmerkmale

Blüten weiß, klein, 4teilig, in reichblütigen Rispen, endständig.
Geruch unangenehm.
Frucht eine kugelige, schwarze, glänzende Steinbeere, erbsengroß. Samen violett.
Blätter gegenständig oder zu 3, kurz gestielt, lederartig, länglich-lanzettlich, sommergrün.
Strauch dichtbuschig, Zweige rutenförmig, Rinde graubraun.
Pflanzenhöhe: 1—4 m hoch werdender Strauch.
Blütezeit: Juni bis Juli.

Verbreitung: verbreitet, im Norden selten. Gehölze, Hecken.

Giftstoffe

Bezeichnung und Eigenschaften: Bezeichnet wird ein Glykosid, Syringin (Ligustrin), das aber nach anderen Angaben nicht an den Vergiftungen beteiligt sein soll. Es dürfte ein unbekannter giftiger Stoff vorkommen.
Vorkommen: Zu finden ist die Substanz vorwiegend in den Beeren und Blättern.

Wirkung: Vergiftungen sind selten und äußern sich in Magen-Darm-Entzündungen. Jedoch sind bei Kindern auch tödliche Vergiftungen nach dem Essen der Beeren aufgetreten.
Behandlung der Vergiftung: Entfernung der Pflanzenteile aus dem Magen.
Anwendung der Giftstoffe: In einem alten Kräuterbuch steht: „Euserlich in Mund- und Gurgel-Wassern, vor die Entzündung, Fäule, Mund- und Hals-Geschwär, geschwollen und gefallen Zäpfflein, wacklende und schmertzhaffte Zähne und Bluten des Zahn-Fleisches."

2.4.2.2.25. Schwalbenwurzgewächse – *Asclepiadaceae*

Die Pflanzen sind vorwiegend in den wärmeren Gebieten der Erde anzutreffen. Neben stark giftigen Arten (Tropen) und weniger giftigen gibt es Zierpflanzen mit schönen Blüten. Außer herzwirksamen Substanzen und saponinartigen Bitterstoffen werden Alkaloide gefunden.

● **Weiße Schwalbenwurz** – *Cynanchum vincetoxicum* (L.) Pers. (Abb. 45)
Hundswürger

Erkennungsmerkmale
Blüten weiß, in Trugdolden. Blumenkrone 5teilig und 5lappige Nebenkrone.
Frucht eine etwa 5 cm lange Balgkapsel, vorn zugespitzt, kahl. Samen mit langem, seidigem Haarbüschel.
Blätter gegenständig, kurz gestielt, länglich herzeiförmig, obere lanzettlich, ganzrandig.
Stengel aufrecht.
Pflanzenhöhe: 30—100 cm.
Blütezeit: Juni bis August.
Verbreitung: zerstreut, Felsige Hügel, sonnige Abhänge, Gebüsche.

Giftstoffe
Bezeichnung und Eigenschaften: Enthalten ist das Glykosid Vinzetoxin (Asklepiadin) mit saponinähnlichen Eigenschaften und einem Steroid als Aglykon. Außerdem kommen das Sterin Vinzetoxisterin und weitere Bitterstoffe vor.
Vorkommen: Vinzetoxisterin wird in den Samen gefunden.

Wirkung: Es kommt zu Fieber, Durchfall, Blasen- und Nierenreizung sowie zu allgemeiner Schwäche. Vergiftungen unter den Menschen und Tieren sind aber selten.
Behandlung der Vergiftung: Abführmittel, Kohle und viel Flüssigkeit.

Abb. 45. Weiße Schwalbenwurz – *Cynanchum vincetoxi-cum.*

2.4.2.2.26. Windengewächse – *Convolvulaceae*

Die meisten Arten wachsen in den Tropen.

● **Zaunwinde** – *Calystegia sepium* (L.) R. Br. (Tafel XVIIIb)

Blüten weiß, einzeln, etwa 6 cm lang. Blütenstiele 4kantig. Unter dem Kelch 2 herzförmige Vorblätter, den Kelch verdeckend.

Frucht eine braune, runde Kapsel.
Blätter wechselständig, pfeil- oder herzförmig.
Stengel windend.
Pflanzenhöhe: 1—3 m.
Blütezeit: Juli bis September.

Verbreitung: verbreitet, im Gebirge selten. Ufer, feuchte Gebüsche, Zäune.

Giftstoffe

Bezeichnung und Eigenschaften: Enthalten sind verschiedene Harzglykoside (Glykoside von Oxyfettsäuren = Glykoretine) und evtl. Lysergsäurealkaloide (LSD, s. a. Mutterkornalkaloide).
Vorkommen: Die Glykoside sind besonders im Kraut und in den Wurzeln angereichert.
Wirkung: Die Glykoside führen zu Durchfall, die Alkaloide zu Wahnvorstellungen (halluzinogene Wirkung). Jedoch dürften ernste Vergiftungen kaum auftreten, da größere LSD-Mengen nur in tropischen Arten auftreten.
Behandlung der Vergiftung: Kohleverabreichung.

2.4.2.2.27. Borretschgewächse – *Boraginaceae*

● **Echte Hundszunge** – *Cynoglossum officinale* L. (Tafel XIXa)

Erkennungsmerkmale

Blüten braunrot-violett, selten weißlich, 5zählig. Blumenkrone trichterförmig, nach innen mit Einstülpungen (Schlundschuppen).
Früchte 4 teilig, mit widerhakigen Stacheln.
Blätter lanzettlich, in den Stengel verschmälert, obere halbstengelumfassend. Schwach graufilzig.
Stengel aufrecht, verzweigt. Die ganze Pflanze steifhaarig.
Pflanzenhöhe: 30—80 cm.
Blütezeit: Mai bis Juli.

Verbreitung: verbreitet. Wegränder, steinige Plätze.

Giftstoffe

Bezeichnung und Eigenschaften: Die Pflanze enthält die Alkaloide Konsolidin und Zynoglossin.
Wirkung: Eine starke Giftwirkung wird beim Kaltblüter beobachtet, während Warmblüter gegenüber den Alkaloiden relativ un-

empfindlich sind. Jedoch treten bei Rindern Vergiftungserscheinungen in Form von großem Durst und Bewegungsstörungen der Hinterbeine auf.

2.4.2.2.28. Lippenblütengewächse – *Lamiaceae (Labiatae)*

Blüten 2lippig mit 4teiligem Fruchtknoten und 2 längeren und 2 kürzeren Staubblättern. Stengel 4kantig.
Verbreitung: vorwiegend in den wärmeren Gegenden, z. B. im Mittelmeerraum. Stark riechende, aromatische Pflanzen (ätherische Öle), zu denen Pfefferminze, Bohnenkraut, Lavendel und Rosmarin zählen.

● **Efeublättriger Gundermann** – *Glechoma hederaceum* L.
(Tafel XIXb)
Erdefeu, Gundelrebe

Erkennungsmerkmale

Blüten lila, 2lippig, in einseitswendigen Scheinquirlen. Oberlippe der Blumenkrone 2spaltig, Unterlippe 3lappig, der Mittellappen groß.
Blätter kreuzgegenständig, nierenförmig-rundlich, gekerbter Rand.
Stengel teils kriechend, teils aufsteigend.
Pflanzenhöhe: 15—40 cm.
Blütezeit: April bis Juni.
Verbreitung: gemein. Wiesen, Wälder, Gebüsche, Zäune, Mauern.

Giftstoffe

Bezeichnung und Eigenschaften: Gefunden wird der Bitterstoff Marrubiin, der ein Diterpen darstellt und einen gering flüchtigen Bestandteil der ätherischen Öle bildet, außerdem Gerbstoffe.
Beeinflussung des Giftgehaltes: Der Wirkstoff verliert seine Wirksamkeit selbst im Heu erst nach einigen Wochen.
Wirkung: Nach Aufnahme großer Pflanzenmengen kann es sogar zu Todesfällen infolge Herzschwäche kommen. Zuvor zeigen die Tiere aber Schweißausbruch, Zittern des Körpers, Schleimausfluß aus dem Maul und röchelnde, von Husten unterbrochene Atmung. Besonders anfällig sind Pferde, während Rinder beachtliche Mengen schadlos aufnehmen.
Behandlung der Vergiftung: Verabreichen von Abführmitteln und Traubenzucker.
Anwendung der Giftstoffe: In geringen Mengen findet die Pflanze zu „Frühlingskräutersuppe" Verwendung.

● **Roß-Minze** – *Mentha longifolia* (L.) Nathh.

Erkennungsmerkmale

Blüten rotviolett, in schlanken Scheinähren.
Blätter länglich, lanzettlich, sitzend, unterseits weiß-graufilzig behaart.
Stengel aufrecht, über der Mitte verzweigt.
Pflanzenhöhe: 50—100 cm.
Blütezeit: Juli bis September.

Verbreitung: im Süden verbreitet, im Norden selten. Ufer, Weiden.

Giftstoffe

Bezeichnung und Eigenschaften: Die Pflanze enthält wechselnde Mengen an den ätherischen Ölen Karvon und Karvakrol.
Beeinflussung des Giftgehaltes: Selbst im Heu bleibt die Giftwirkung erhalten.
Wirkung: Zunächst erfolgt eine Reizung der Verdauungsorgane. Später setzen Krämpfe und eine Lähmung des Zentralnervensystems ein. Schäden werden u. a. bei Rindern und Pferden beobachtet.
Behandlung der Vergiftung: Abführmittel sowie Aktivkohle.

2.4.2.2.29. Nachtschattengewächse – *Solanaceae*

Es ist die typische einheimische Giftpflanzenfamilie (Alkaloide). Früher Verwendung zu Rausch-, Liebes-, Zauber- und Vergiftungsmitteln.

● **Schwarze Tollkirsche** – *Atropa bella-donna* L. (Tafel XXa)
Tollbeere

Erkennungsmerkmale

Blüten dunkelviolett. Kronröhe etwa 3 cm lang, glockig, nickend, 5zipflig. Blütenstiele etwa 2 cm lang.
Frucht eine glänzend schwarze Beere mit violettem Saft, kirschgroß.
Blätter wechselständig, ganzrandig, in den Blattstielen verschmälert.
Stengel aufrecht, drüsig behaart.
Pflanzenhöhe: 50—150 cm.

Blütezeit: Juni bis September.

Verbreitung: zerstreut, im Norden selten. Bergwälder, Kahlschläge, Weiden, Kalkliebend.

Giftstoffe

Bezeichnung und Eigenschaften: Enthalten sind vorwiegend das Alkaloid Hyoszyamin, ferner die Alkaloide Atropin, Belladonnin, Skopolamin u. a., die zur Gruppe der Tropanalkaloide (Abkömmlinge des Pyrrolidins) gehören. Auch geringe Mengen des Alkaloids Nikotin kommen vor.

Vorkommen: Der höchste Alkaloidgehalt wird in der Wurzel gefunden, dann folgen die Samen, Blüten und Blätter.

Wirkung: Vergiftungen ereignen sich besonders bei Kindern nach dem Verzehr der „Kirschen". Generell sind Menschen gegenüber den Alkaloiden der Tollkirsche empfindlicher als Tiere. Von diesen sind wiederum Rind, Pferd und Schaf am meisten gefährdet, obwohl Vergiftungsfälle selten sind. Die Vergiftungserscheinungen äußern sich in schnellerer Atmung, zunehmender Aufregung, die in Tobsucht („Tollkirsche") ausarten kann, Durst, Verstopfung und Lähmung. Bei schweren Erkrankungen ereignen sich Todesfälle infolge Atmungslähmung.

Behandlung der Vergiftung: Magenspülung und Kohle.

Anwendung der Giftstoffe: Verwendet werden Blätter und Wurzeln. Extrakte daraus führen zur Pupillenerweiterung (Augenarzt). Auch bei Magen-Darm-Erkrankungen, Asthma und vegetativer Dystonie finden die Extrakte Anwendung. Früher haben die Frauen mit dem schwarzvioletten Beerensaft ihren Augen einen verführerischen Glanz und Ausdruck gegeben (belladonna = „schöne Frau"). Der Saft wurde mit fettigen Stoffen vermischt und als Schminkmittel oder Schönheitswasser benutzt. Der Besitz der Wurzel sollte Gegenliebe und Vorteil bedingen; die Wurzel mußte in bestimmten Nächten unter Aufsagen von Zaubersprüchen ausgegraben werden. In das entstehende Loch wurden zur Versöhnung des Teufels Salz und Brot, ein schwarzes Huhn als Zeichen, daß man die eigene Seele dem Bösen verschrieben habe, Schmuckstücke oder mehrere Münzen in ungerader Zahl eingegraben.

● **Schwarzes Bilsenkraut** – *Hyoscyamus niger* L.
Zigeunerkraut, Hühnertod

Erkennungsmerkmale

Blüten schmutzig gelb mit violetten Adern und violettem Schlund. Kronröhre trichterig, ungleich 5zipflig. Blüten einseitswendig geknäult am Stengel, fast ungestielt.
Frucht eine 2fächrige Kapsel.
Blätter buchtig gezähnt, grundständige gestielt, stengelständige halbstengelumfassend.
Stengel aufrecht, bis oben beblättert, wie die Blätter und Kelche klebrig-zottig behaart.
Pflanzenhöhe: 30—60 cm.
Blütezeit: Juni bis Oktober.

Verbreitung: zerstreut. Wegränder, Schutt.

Giftstoffe

Bezeichnung und Eigenschaften: Die Pflanze enthält die gleichen Tropanalkaloide wie die Tollkirsche sowie einen Bitterstoff, Hyoszypikrin.
Vorkommen: Die Giftstoffe sind wie in der Tollkirsche verteilt, den Bitterstoff findet man nur in den Samen.
Beeinflussung des Giftgehaltes: Mehltaubefallene Pflanzen enthalten bedeutend weniger Alkaloide als gesunde.
Wirkung: Schon vor der Zeitrechnung war das Bilsenkraut als Giftpflanze bekannt. Die rübenförmig gestaltete Wurzel kann mit der des Pastinaks oder der Schwarzwurzel verwechselt werden und daher zu Vergiftungen führen. Gegenüber den Giftstoffen ist der Mensch empfindlicher als das Tier. Die Krankheitsbilder ähneln denen durch Tollkirsche: es kann zu anhaltendem Wahnsinn kommen.
Behandlung der Vergiftung: Magenspülung und Kohle.
Anwendung der Giftstoffe: Verwendung finden Blätter und Samen. Extrakte daraus sind in beruhigenden Mitteln enthalten. Die Blätter werden als Bestandteil von Lebertees verwendet. Im Mittelalter benutzte man die Pflanze zur Dämonenbeschwörung und bei der Wahrsagung. In Hexensalben waren neben Bilsenkraut Schweinefett, Tollkirschen- und Nachtschattenblätter, Mandragorawurzeln, Schierlingsfrüchte und Mohnkapseln enthalten, mit der sich die Frauen einrieben. Sie erlebten einen Traumschlaf und wahrsagten. Betrügerische Bierbrauer setzten auch dem Bier Bilsenkraut zu und erzielten so eine „angenehme Stimmung".

● **Kartoffel** – *Solanum tuberosum* L.
Erdapfel

Erkennungsmerkmale

Blüten weiß oder violett, in Wickeln. Blumenkrone radförmig, 5zipflig, mit gelbgrünen, kegelförmig zusammengezogenen Staubblättern.
Frucht eine kugelige Beere, grün, kirschgroß.
Blätter fiederteilig, kleine und große Blättchen abwechselnd.
Stengel aufrecht, krautig, ästig. Grundachse Knollen treibend.
Pflanzenhöhe: 40—120 cm.
Blütezeit: Juli bis Oktober.

Verbreitung: Kulturpflanze. Im 16. Jahrhundert von Chile nach Europa eingeführt.

Giftstoffe

Bezeichnung und Eigenschaften: Enthalten sind das Glykoalkaloid α-Solanin (s. aber Schwarzer Nachtschatten) sowie giftige Substanzen, die durch Pilz- und Bakterienbefall entstehen.
Vorkommen: Zu finden sind die Giftstoffe vorwiegend in den unreifen Beeren (bis zu 1 % Solanin), in verschimmelten Kartoffeln und den Keimen (bis zu 5 %), in Blüten und im Kraut (bis zu 0,5 % Solanin).
Beeinflussung des Giftgehaltes: Zum Zeitpunkt der Ernte sind Knollen, Kraut und Beeren am alkaloidärmsten, wenn kein starker Pilz- und Bakterienbefall vorliegt. Durch Silierung des Krautes wird der Alkaloidgehalt erniedrigt.
Wirkung: Vergiftungen ereignen sich bei Kindern nach dem Genuß unreifer Beeren. Durch Knollen selbst erkranken Menschen nicht, sofern sich die Kartoffeln in einwandfreiem Zustand befinden. Tiervergiftungen ereignen sich hauptsächlich bei Rind, Schwein und Pferd. Dabei sind 50 % der Erkrankungen auf die Fütterung gekeimter Kartoffeln zurückzuführen, 30 % auf die Verfütterung des Kartoffelkrautes; die restlichen Erkrankungen entstehen durch faulige und verschimmelte Kartoffeln, bei denen neben dem Solanin noch die Pilz- und Bakteriengifte wirken. Das Krankheitsbild äußert sich infolge der saponinähnlichen Wirkung des Solanins in Reizung der Verdauungswege und Auflösung der roten Blutkörperchen (Hämolyse). Ferner werden Durchfall, Zittern, Krämpfe, Lähmung und Hautausschläge (Ekzeme) besonders an den Beinen beobachtet. Der Tod tritt infolge Atmungslähmung ein. Es sollten daher auch zur Tierernährung nur einwandfreie Kar-

toffelknollen verwendet werden, das Kraut sollte ausgereift zur Silage, möglichst zu Mischsilage genommen werden.
Behandlung der Vergiftung: Abführmittel zur Giftentfernung, Kohle und gerbsäurehaltige Präparate.
Anwendung der Giftstoffe: Preßsäfte aus der Knolle wirken günstig bei Magenreizung (Gastritis).

● Bittersüßer Nachtschatten – *Solanum dulcamara* L.
Bittersüß

Zahlreiche Sagen berichten, daß die nordische Göttin Skadhi nicht nur als Schattengöttin auftritt, sondern nachts als Walküre mit Helm und Rüstung bewaffnet über das Land reitet. Schüttelt das Pferd seine Mähne, fallen Regen und Hagel. „Nachtschaden" bedeutet oberdeutsch die ausfahrende Hexe und den von ihr ausgelösten Hagelschlag.

Erkennungsmerkmale

Blüten violett, radförmig, 5zipflig, etwa 1 cm breit. Gelbe Staubblätter, kegelförmig zusammenneigend. Anordnung der Blüten rispenartig.
Früchte rote Beeren, eiförmig, hängend.
Blätter herzförmig, z. T. mit 1 Paar seitlich abstehenden spitzen Lappen.
Stengel windend, unten holzig, oben krautig.
Pflanzenhöhe: 30—150 cm.
Blütezeit: Juni bis August.
Verbreitung: verbreitet. Feuchte Gebüsche, Ufer, Mauern.

Giftstoffe

Bezeichnung und Eigenschaften: Außer den Steroidalkaloiden Soladulzin und geringen Mengen an Solasonin kommen bisweilen in hohen Konzentrationen verschiedene Steroidsaponine vor.
Vorkommen: Der höchste Alkaloidgehalt liegt in den unreifen Beeren vor, geringer ist der der Blätter und Stengel.
Beeinflussung des Giftgehaltes: Die grüne Pflanze enthält hohe Alkaloidkonzentrationen vor der Blüte. Während der Beerenreife nimmt der Gehalt ständig ab.
Wirkung: Tödliche Vergiftungen wurden vereinzelt bei Kindern nach dem Verzehr der Beeren und bei Rindern beobachtet. Die Krankheitserscheinungen äußern sich wie beim Schwarzen Nachtschatten beschrieben.

Behandlung der Vergiftung: s. Schwarzer Nachtschatten.
Anwendung der Giftstoffe: Der pulverisierte Stengel kann gemeinsam mit anderen Bestandteilen gegen chronische Hautleiden (Ekzeme) und Schuppenflechte (Psoriasis) angewandt werden.

● Schwarzer Nachtschatten – *Solanum nigrum* L. (Abb. 46)

Erkennungsmerkmale

Blüten weiß, radförmig, 5zipflig, etwa 8 mm breit. Gelbe Staubblätter kegelförmig zusammenneigend. Blüten zu 3—10, doldig.
Früchte schwarz, meist glänzend. Erbsengroße Beeren.
Blätter wechselständig, eiförmig zugespitzt, buchtig gezähnt.
Stengel aufrecht, verzweigt, krautig.
Pflanzenhöhe: 10—80 cm.
Blütezeit: Juni bis Oktober.
Verbreitung: gemein. Äcker, Gärten, Schutt.

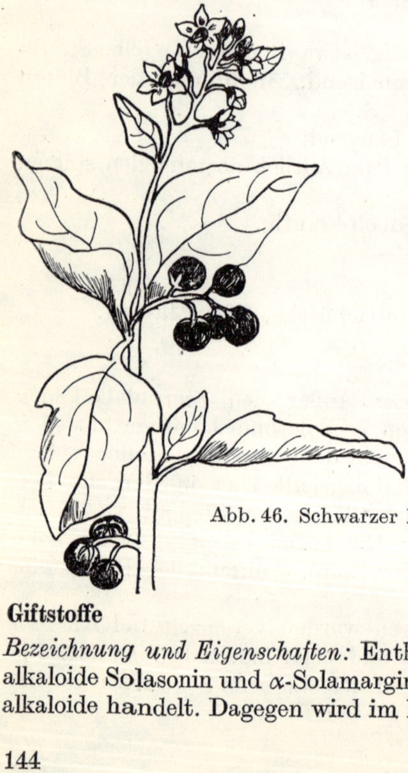

Abb. 46. Schwarzer Nachtschatten – *Solanum nigrum.*

Giftstoffe

Bezeichnung und Eigenschaften: Enthalten sind die beiden Hauptalkaloide Solasonin und α-Solamargin, bei denen es sich um Glykoalkaloide handelt. Dagegen wird im Nachtschatten kein α-Solanin

(s. Kartoffel) gefunden. Ein Bestandteil des Solasonins, das Aglykon Solasodin, läßt sich nach Einwirkung verschiedener chemischer Reagenzien zu Sexual- (Progesteron) und Nebennierenrindenhormonen (Prednison) umbauen. Außerdem enthält die Pflanze beachtliche Nitratmengen.
Vorkommen: Die Samen der unreifen Früchte besitzen den höchsten Alkaloid-, die Stengel den höchsten Nitratgehalt.
Beeinflussung des Giftgehaltes: Alkaloid- und Nitratgehalte unterliegen beträchtlichen jahreszeitlichen Schwankungen, wobei die Temperatur, Niederschlagsmenge, Düngermenge und -art von entscheidendem Einfluß sind. Durch Silierung des Futters wird der Alkaloid- und Nitratgehalt beachtlich erniedrigt.
Wirkung: Je nach Reifegrad – und damit unterschiedlichem Alkaloidgehalt – kann es nach dem Genuß unausgereifter Beeren, besonders durch Kinder, zu Vergiftungen mit evtl. sogar tödlichem Ausgang kommen. Unter den Tieren erkranken besonders Rinder, Pferde und Schweine. Infolge der Saponinwirkung des Alkaloids kommt es zur Reizung des Verdauungskanals. Ferner treten Durchfall, Auflösung der roten Blutkörperchen, Hautausschläge (Ekzeme) und Lähmungen auf. Der Tod kann durch Herzstillstand eintreten. Da der Alkaloidgehalt aber bedeutend niedriger als der des Nitrats liegt, führt letzteres zu einer abnehmenden Sauerstoffversorgung des Blutes. Durch Futter mit einem hohen Nachtschatten-Anteil entstehen daraus ernste Gefahren für die Tierernährung. Der Nachtschatten ist insofern giftiger durch seinen Nitrat- als durch seinen Alkaloidgehalt.
Behandlung der Vergiftung: Magenspülung, Abführmittel, Kohle.

● **Gemeiner Stechapfel** – *Datura stramonium* L.
Asthmakraut

Erkennungsmerkmale

Blüten weiß-hellviolett, einzeln zwischen den Gabeln des Stengels. Blumenkrone trichterig, 5zipflig. Kelch eine 5zipflige Röhre.
Frucht eine 4klappige, stachlige Kapsel, walnußgroß. Samen schwarz.
Blätter gestielt, unregelmäßig buchtig gezähnt.
Stengel aufrecht, gabelästig.
Pflanzenhöhe: 20—100 cm.
Blütezeit: Juli bis August.
Verbreitung: zerstreut. Gartenland, Schutt.

Giftstoffe

Bezeichnung und Eigenschaften: Neben blutgerinnenden Substanzen (Agglutininen) ist hauptsächlich das Alkaloid Hyoszyamin, in geringen Mengen sind Atropin und Skopolamin enthalten.
Beeinflussung des Giftgehaltes: Der höchste Alkaloidgehalt liegt in den Blättern vor, geringer ist der der Samen, in denen die Agglutinine vorliegen.
Wirkung: Bei Kindern ereignen sich bisweilen Vergiftungen durch die Samenaufnahme. Erkrankungen werden auch bei Pferden und Rindern beobachtet. Das Krankheitsbild gleicht dem der Tollkirschen-Vergiftung. Sojaschrot enthält häufig Stechapfel-Samen, wobei etwa 0,01 % normal sind. Aber selbst Schrotchargen mit 0,3 % Samen werden von Rindern und Schweinen reaktionslos vertragen. Auch Geflügel ist unempfindlich.
Behandlung der Vergiftung: s. Tollkirsche.
Anwendung der Giftstoffe: Verwendet werden Samen und Blätter z. B. gegen asthmatische Erkrankungen (Asthma-Zigaretten). Nach Europa soll der St. während des 30jährigen Krieges durch wandernde Zigeuner gebracht worden sein. Diese brauten aus den Pflanzen Liebestränke, erzeugten erotische Rauschzustände und benutzten den St. zu Weissagungen und anderen abergläubischen Handlungen.

● **Virginischer Tabak** – *Nicotiana tabacum* L. (Tafel XXb)

Von Kolumbus bei der Entdeckung Amerikas 1492 bei rauchenden Indianern gesehen. Dann im 16. Jahrhundert von Seeleuten nach Europa gebracht.

Erkennungsmerkmale

Blüten rötlich, trichterig, bis 5,5 cm lang, mit 5zipfligem, flachem Saum.
Frucht eine zuspitzte Kapsel.
Blätter wechselständig, ganzrandig, die unteren elliptisch, herablaufend, die oberen lanzettlich, meist sitzend.
Stengel aufrecht, krautig, wie die übrigen grünen Teile drüsig behaart.
Pflanzenhöhe: 75—300 cm.
Blütezeit: Juni bis September.

Verbreitung: Kulturpflanze.

Giftstoffe

Bezeichnung und Eigenschaften: Das Hauptalkaloid Nikotin zählt zur Gruppe der Piperidinalkaloide. Außer dem Anabasin kommen noch andere Nebenalkaloide vor. Auch ein Steroidglykosid unbekannter chemischer Struktur ist nachgewiesen worden.

Vorkommen: Mit Ausnahme der reifen Samen ist die gesamte Pflanze mit den Substanzen angereichert.

Beeinflussung des Giftgehaltes: Der Nikotingehalt wird stark vom Standort der Pflanze und der Tabaksorte beeinflußt.

Wirkung: Das Nikotin ist eine der giftigsten Substanzen. Es besitzt dieselbe Giftwirkung wie das Koniin des Gefleckten Schierlings. Vergiftungen ereignen sich bisweilen bei Rindern, Schafen und Ziegen nach Aufnahme von Tabakblättern. Besonders Ziegenmilch kann Nikotin enthalten und so zu Vergiftungen beim Menschen führen. Auch Rauchen bei offenen Wunden im Mundhöhlenraum (Zahnziehen!) kann zu tödlichen Vergiftungen führen. Tabakschmuggler büßten ihr Vergehen schon mit dem Tode, wenn sie die Tabakblätter um den Leib gebunden hatten.

Behandlung der Vergiftung: Kohle.

Anwendung der Giftstoffe: Als Verwendungsformen sind das Rauchen, Schnupfen und Kauen bekannt. In Afrika ließ man auch Tabakbrühe in die Nase laufen, verschloß diese mit einem halbgespaltenen Stück Holz, später mit einer Wäscheklammer, um so den Genuß zu verlängern. Trotz vielfacher Verbote hat der Tabak inzwischen seinen „Siegeszug" über den gesamten Erdball vollzogen. So stand in Deutschland 1691 im Lüneburgischen noch die Todesstrafe „auf dem lüderlichen Werk des Tabaktrinkens". Um 1660 galt auch in der Schweiz das Tabakrauchen als eines der schlimmsten Verbrechen. Nach einem Gutachten der Medizinischen Fakultät in Holland (1590) werden durch das Rauchen die Gehirne schwarz. In Schweden äußerte Gustav III., daß er nichts so sehr hasse wie das Rauchen und die deutsche Sprache. Wenn auch in unserem Zeitalter keine drastischen Strafen mehr für das Rauchen bestehen, so sollte es doch im Sinne der Erhaltung der Gesundheit (Förderung von Kreislaufbeschwerden und Krebserkrankungen) weitestgehend unterlassen werden.

2.4.2.2.30. Braunwurzgewächse (Rachenblütler) – *Scrophulariaceae*

● **Gottes-Gnadenkraut** – *Gratiola officinalis* L. (Tafel XXIa)
Gichtkraut

Erkennungsmerkmale

Blüten weißlich, 2lippig mit 5 Zipfeln, in den Blattachseln.
Frucht eine 4klappige Kapsel.
Blätter gegenständig, halbstengelumfassend, lanzettlich, drüsig punktiert.
Stengel aufsteigend, oben 4kantig.
Pflanzenhöhe: 15—30 cm.
Blütezeit: Juni bis August.
Verbreitung: selten. Ufer, Gräben, Sumpfwiesen.

Giftstoffe

Bezeichnung und Eigenschaften: Enthalten sind die Glykoside Gratiotoxin und Gratiolin.
Vorkommen: Besonders in den Blättern und Stengeln sind die Glykoside bis zu 0,15 % angereichert.
Wirkung: Die Glykoside des Gottes-G. wirken ähnlich wie die des Fingerhutes, werden jedoch medizinisch nicht genutzt. Vergiftungen werden vereinzelt bei Tieren beobachtet. Menschen können die Inhaltsstoffe z. B. mit Kräuterteearten aufnehmen und erkranken.
Behandlung der Vergiftung: s. Fingerhut.
Anwendung der Giftstoffe: In einem alten Kräuterbuch steht: „Gnadenkraut wird vielfach vom Volk als Abführmittel angewendet und nicht selten Schaden dadurch gestiftet. In der Hand des vorsichtigen Arztes ist es ein sehr schätzbares Heilmittel."

● **Roter Fingerhut** – *Digitalis purpurea* L. (Tafel XXIb)
Waldglocke

Erkennungsmerkmale

Blüten lila-rot, innen mit weißumrandeten, dunklen Flecken. Kronröhre 4—5 cm lang, glockig, 2lippig, hängend, in einseitswendigen endständigen Trauben.
Frucht eine 2fächrige Kapsel, drüsig.
Blätter wechselständig, grundständige lang gestielt, stengelständige sitzend, nach oben kleiner werdend. Blattrand gekerbt.
Blätter unterseits graufilzig.

Stengel aufrecht, unverzweigt.
Pflanzenhöhe: 40—120 cm.
Blütezeit: Juni bis August.

Verbreitung: zerstreut im Gebirge. Kalkmeidend. Kahlschläge. Zierpflanze.

Giftstoffe

Bezeichnung und Eigenschaften: Der Rote F. enthält Digitalis-Glykoside (Glykosidgemisch), wobei die wichtigsten das Digitoxin, Gitoxin, Gitorin und Gitaloxin sind. Diese Glykoside enthalten als Aglykon (s. Einleitung) jeweils ein gesättigtes Steroidgerüst. Das Steroidgerüst ist u. a. in dem Aglykon Solasodin des Schwarzen Nachtschattens enthalten. Außerdem enthält der F. noch Saponinglykoside, die wegen des Aglykonaufbaus aus einem Steroidkörper mit den Digitalis-Glykosiden chemisch nahe verwandt sind, Flavonglykoside und Gerbstoffe.

Vorkommen: Die genannten Digitalis-Glykoside sind vorwiegend in den Blättern enthalten.

Beeinflussung des Giftgehaltes: Der Glykosidgehalt der Pflanze wechselt stark mit den Bodenverhältnissen, so daß dem Standort große Bedeutung zukommt. Auch die Tageszeit wirkt sich aus, denn nachmittags weisen die Pflanzenteile infolge der überwiegenden Syntheseleistung der Pflanze höhere Glykosidgehalte als morgens auf, wo sich die nächtlichen Abbau- bzw. Abwanderungsreaktionen bemerkbar machen.

Wirkung: Wirkungsvoll sind nur die Glykoside, nicht die Aglykone. Zunächst reagiert der Organismus auf die Pflanzenaufnahme mit Erbrechen und Durchfall. Schnell tritt dann die eigentliche, auf die Herzmuskulatur und -reizleitungssysteme gerichtete Hauptwirkung mit letztlichem Herzstillstand ein. Auch verstärkte Harnabsonderung infolge Nierenreizung wird beobachtet. Das Digitoxin ist dabei am gefährlichsten, da es im Herzmuskel gespeichert (Kumulation) und so über einen längeren Zeitraum wirksam werden kann. Unter den Tieren vertragen Pferde, Schafe und Enten die geringsten Pflanzenmengen, während Rinder sehr resistent sind. Wahrscheinlich erfolgt im Pansen ein Abbau der Gifte, so daß sie unwirksam werden. Vergiftungen beim Menschen sind nur infolge Überdosierung digitalishaltiger Medikamente zu erwarten.

Behandlung der Vergiftung: Eine Behandlung ist nur nach unmittelbar erfolgter Pflanzenaufnahme mit Brech-, Abführmitteln und Aktivkohle einigermaßen erfolgversprechend. Die Wirkung bereits im Herzen festgelegter Mengen an Digitalis-Glykosiden kann nicht mehr aufgehoben werden.

Anwendung der Giftstoffe: Seit langem ist der Rote F. als Arzneipflanze bekannt. Da die synthetische Darstellung der Herzglykoside sehr teuer kommt, dient noch immer die Pflanze als billige Ausgangsbasis zur Arzneimittelgewinnung. Besonders der vom Balkan stammende Wollhaarige F. *(Digitalis lanata)* wird dazu verwendet. Bereits kleinste Gaben an Digitalis-Glykosiden können beim Menschen infolge der beachtlichen physiologischen Wirkung zur Behandlung chronischer Herzkrankheiten dienen.

2.4.2.2.31. Geißblattgewächse – *Caprifoliaceae*

Sehr artenreiche Familie des gemäßigten Klimas. Viele Phenole als Inhaltsstoffe.

● Schwarzer Holunder – *Sambucus nigra* L. (Tafel XXIIa)

Erkennungsmerkmale

Blüten weiß, radförmig, in großen Trugdolden. Staubbeutel gelb.
Frucht eine schwarze, beerenartige Steinfrucht mit rotem Saft. 3—4 mm breit.
Blätter unpaarig 3—7zählig gefiedert. Blättchen zugespitzt, Blattrand gesägt. Endblättchen größer als die seitlichen.
Zweige mit weißem Mark.
Pflanzenhöhe: 3—11 m hoher Strauch.
Blütezeit: Juni bis Juli.

Verbreitung: gemein. Wälder, Gebüsche, Zäune.

Giftstoffe

Bezeichnung und Eigenschaften: Beide genannten Holunder-Arten enthalten Harze und ätherische Öle, die zu Vergiftungen führen können, während das Vorkommen des Alkaloids Sambuzin noch nicht eindeutig gesichert ist. Im Schwarzen H. ist ferner das blausäurehaltige Glykosid Sambunigrin nachgewiesen worden.
Vorkommen: Die giftigen Bestandteile kommen vorwiegend in den frischen Blättern und der frischen Rinde vor, während die reifen, schwarzen Beeren des Schwarzen H. stets ungiftig sind.
Wirkung: Vergiftungen sind bei Tieren selten und äußern sich in Erbrechen und starkem Durchfall; Erscheinungen, die ebenfalls beim Menschen nach dem Genuß größerer Mengen unreifer, grüner Beeren auftreten können.

Behandlung der Vergiftung: Günstig wirken die Verabreichung von Milch, Haferschleim, Kohleaufschwemmungen und Brechmitteln.
Anwendung der Giftstoffe: Die Blüten und Beeren des Schwarzen H. ergeben einen guten Tee gegen Erkältungskrankheiten.

● **Zwerg-Holunder** – *Sambucus ebulus* L.
Attich

Erkennungsmerkmale

Blüten rötlich, radförmig, in flachen Trugdolden. Staubbeutel zuerst rot, dann schwarz.
Früchte beerenartige, schwarze Steinfrüchte.
Blätter kreuzgegenständig mit 3—4 unpaarigen Fiedern und je 2 großen, gesägten Nebenblättern.
Stengel aufrecht, krautig, oben verzweigt.
Pflanzenhöhe: 60—150 cm.
Blütezeit: Juni bis Juli.

Verbreitung: im Süden zerstreut, sonst selten. Sonnige Waldränder, Gebüsche.

Giftstoffe: s. vorige Art, jedoch mit giftigen Früchten.

● **Gemeiner Schneeball** – *Viburnum opulus* L. (Tafel XXIIb)
Wasser-Schneeball

Erkennungsmerkmale

Blüten weiß, in Trugdolden. Innere glockig, fruchtbar, äußere radförmig, sehr groß, unfruchtbar.
Frucht eine rote Beere, einsamig, erbsengroß.
Blätter gegenständig, 3—5lappig, beiderseits grün.
Pflanzenhöhe: 1,5—3 m hoher Strauch, selten Baum.
Blütezeit: Mai bis Juni.

Verbreitung: verbreitet. Feuchte Gebüsche, Ufer. Zierstrauch.

Giftstoffe

Bezeichnung und Eigenschaften: Die giftigen Inhaltsstoffe beider Schneeball-Arten sind noch nicht näher erforscht. Es handelt sich um verschiedene Glykoside, Saponine und harzartige Verbindungen.
Vorkommen: Besonders die Beeren sind reich an schädlichen Stoffen.
Wirkung: Die Beeren rufen besonders bei Kindern Magen-Darm-

Entzündungen hervor. Bei dem Verzehr großer Mengen sind sogar Todesfälle aufgetreten.
Behandlung der Vergiftung: Eine möglichst schnelle Entfernung der Beeren aus dem Magen ist angezeigt.

● **Wolliger Schneeball** – *Viburnum lantana* L. (Tafel XXIIIa)
Schlinge

Erkennungsmerkmale

Blüten klein, weiß, in gewölbten Trugdolden. Alle Blüten gleich.
Frucht eine Steinbeere, erst rot, dann schwarz, eiförmig, etwas flach.
Blätter gegenständig, dicklich, breit elliptisch. Blattrand gekerbt-gezähnt. Blattoberseite dunkelgrün, etwas runzlig, Blattunterseite graufilzig.
Pflanzenhöhe: 2—4 m hoher Strauch.
Blütezeit: Mai bis Juni.

Verbreitung: im Süden zerstreut, im Norden fehlend. Lichte Bergwälder, kalkliebend. Zierstrauch.

Giftstoffe: s. vorige Art.

● **Traubige Schneebere** – *Symphoricarpus albus* (L.) Blake (Tafel XXIIIb)

Erkennungsmerkmale

Blüten weiß-rosenrot, glockig, 5zähnig, einzeln oder ährig.
Frucht eine weiße, kugelige Beere mit großzelligem Fleisch („Knallerbse").
Blätter gegenständig, kurz gestielt, elliptisch, stumpf, ganzrandig, an üppigen Sprossen gezähnt oder buchtig gelappt, unterseits blaugrün, oberseits dunkelgrün.
Pflanzenhöhe: 1—1,5 m hoher Strauch.
Blütezeit: Juni bis August.

Verbreitung: zerstreut. Gebüsche. Zierstrauch.

Giftstoffe

Bezeichnung und Eigenschaften: Neben Saponinen ist ein weiterer, chemisch noch unbekannter, schädlicher Wirkstoff enthalten.
Vorkommen: Die Giftstoffe kommen vorwiegend in den Früchten vor.

Wirkung: Besonders bei Kindern führen die Beeren zu Entzündungen der Schleimhäute sowie zur Reizung des Verdauungskanals.
Behandlung der Vergiftung: Zur Behandlung sind Brechmittel geeignet.

● **Wald-Geißblatt** – *Lonicera periclymenum* L. (Tafel XXIVa)
Wildes Geißblatt, Deutsches Geißblatt

Erkennungsmerkmale

Blüten gelblich weiß, 2lippig, doldig-kopfig an den Zweigenden.
Früchte rote, runde Beeren, gehäuft.
Blätter gegenständig, kurz gestielt, nicht miteinander verwachsen. Elliptisch, dünn, unterseits behaart.
Pflanzenhöhe: bis 5 m hoch werdender Strauch, rechtswindend, klimmend.
Blütezeit: Juni bis August.
Verbreitung: verbreitet, in den Alpen fehlend. Lichte Wälder mit fruchtbarem Boden. Zierstrauch.

Giftstoffe

Bezeichnung und Eigenschaften: Alle genannten Geißblatt-Arten enthalten wechselnde Mengen Saponine sowie ein chemisch noch nicht identifiziertes Phenol (Xylostein).
Vorkommen: Die schädlich wirkenden Stoffe befinden sich vorwiegend in den Blättern.
Wirkung: Bei Kindern sind durch den Genuß der roten Beeren Durchfälle und Erbrechen, ja selbst Todesfälle aufgetreten.
Behandlung der Vergiftung: Stets soll eine Entleerung des Magens, z. B. durch Spülung, angestrebt werden.

● **Rote Heckenkirsche** – *Lonicera xylosteum* L.
Gemeine Heckenkirsche

Erkennungsmerkmale

Blüten gelblich-weiß, 2lippig, auf flaumhaarigem Stiel, zu 2 in den Blattachseln. Fruchtknoten am Grunde miteinander verbunden.
Früchte rote Beeren, paarweise, glasig 4samig. 4—5 mm breit.
Blätter gegenständig, elliptisch, weichhaarig, ganzrandig.
Pflanzenhöhe: 1—2 m hoher Strauch.
Blütezeit: Mai bis Juni.
Verbreitung: zerstreut. Gebüsche, Waldränder. Ziergehölz.
Giftstoffe: s. vorige Art.

● **Tatarische Heckenkirsche** – *Lonicera tatarica* L.

Erkennungsmerkmale

Blüten rot-weiß, 2lippig, zu 2 in den Blattachseln. Blütenstiel kahl, so lang oder wenig länger als die Blüten.
Früchte gelbe oder scharlachrote Beeren.
Blätter herz-eiförmig.
Pflanzenhöhe: 1—3 m hoher Strauch.
Blütezeit: Mai bis Juni.

Verbreitung: Zierstrauch.

Giftstoffe: s. Wald-Geißblatt.

2.4.2.2.32. Kürbisgewächse – *Cucurbitaceae*

Die meisten Arten sind in den Tropen und Subtropen verbreitet. Neben rankentragenden Pflanzen auch dornige Halbsträucher und Bäumchen. Bekannte Vertreter für die menschliche Ernährung sind Gurke, Melone und Kürbis. Charakteristisch für die giftigen Pflanzen dieser Familie sind toxische Bitterstoffe, Saponine und fette Öle.

● **Weiße Zaunrübe** – *Bryonia alba* L.
Gichtrübe

Erkennungsmerkmale

Blüten gelblich-weiß, eingeschlechtlich. Männliche Blüten größer, traubig, weibliche kleiner, gebüschelt. Pflanze einhäusig.
Frucht eine schwarze Beere.
Blätter herzförmig 5lappig, gestielt.
Stengel klimmend mit schraubigen Ranken.
Wurzel rübenartig, querrunzlig, außen grau, innen weiß, mit Milchsaft, sehr groß.
Pflanzenhöhe: 2—3 m.
Blütezeit: Juni bis Juli.

Verbreitung: zerstreut, im Südwesten fehlend. Gebüsche, Zäune, Hecken.

Giftstoffe

Bezeichnung und Eigenschaften: Als Wirkstoffe werden das bittere Glykosid Bryonin und das harzartige Glykosid Bryonidin gefun-

den, deren Aglykone (s. Einleitung) zu den Kukurbitazinen zählen, ferner Saponine und unbekannte Giftstoffe.
Vorkommen: Die Glykoside sind vorwiegend in den Wurzeln, die Saponine in den Samen und die unbekannten giftigen Verbindungen in den Beeren angereichert.
Beeinflussung des Giftgehaltes: Beim Trocknen der Wurzeln an der Luft verliert das Bryonin an Giftwirkung.
Wirkung: Das Bryonidin führt infolge Reizung der Darmschleimhaut zu starken blutigen Durchfällen, während das Bryonin selbst wirkungslos sein soll. Gefährdet sind besonders Schweine, die beim Wühlen im Boden die Pflanzenwurzeln aufnehmen; aber auch andere Tierarten erkranken. Beim Menschen treten Todesfälle nach dem Verzehr von etwa 50 Beeren auf.
Behandlung der Vergiftung: Kohleaufschwemmungen und Brechmittel sind geeignet.

● **Rote Zaunrübe** – *Bryonia dioica* Jacq.
Gichtrübe

Erkennungsmerkmale

Ähnlich wie vorige Art, jedoch mit roten Beeren. Pflanze zweihäusig.

Verbreitung: im Süden verbreitet, im Norden zerstreut. Zäune, Auwälder.

Giftstoffe

Bezeichnung und Eigenschaften: Außer den Wirkstoffen der Weißen Z. werden ein süß schmeckendes Steroidglykosid (Bryodulkosid) und einAlkaloid gefunden (Bryonizin).
Vorkommen: Beide Verbindungen werden in der Wurzel gefunden. Die übrigen Inhaltsstoffe sind wie in der Weißen Z. verteilt. Weiter wie unter der Weißen Z. beschrieben.

2.4.2.2.33. Korbblütengewächse – *Asteraceae (Compositae)*

Kräuter oder Stauden mit wechselständigen Blättern ohne Nebenblätter. Einzelblüten 5zählig, Blumenkrone röhrig (Röhrenblüten) oder mit ausgezogener Zunge (Zungenblüten). Kelch oft zu einem Haarkranz umgebildet. Frucht ein Nüßchen. Einzelblüten in einem Körbchen, das von einem grünen Hüllkelch umgeben wird.

Vertreter der Familie sind über die ganze Erde verbreitet. Nach den Orchideen ist es die umfangreichste Familie der Blütenpflanzen. Inhaltsstoffe sind hauptsächlich ätherische Öle und Milchsäfte.

● **Dürrwurz** – *Inula conyza* Dc. (Tafel XXIVb)
Sparriger Alant

Erkennungsmerkmale

Blüten schmutzig gelb, rötlich überlaufen. Köpfe 1 cm breit, aus Röhrenblüten und einigen versteckten Zungenblüten bestehend. Anordnung in Doldentrauben. Hüllkelch dachziegelartig, die äußeren Blättchen mit zurückgebogenen Spitzen.
Früchte mit gefiedertem Haarkranz.
Blätter eiförmig-lanzettlich, behaart. Obere Blätter sitzend.
Stengel dünnfilzig.
Pflanzenhöhe: 50—80 cm.
Blütezeit: Juli bis Oktober.
Verbreitung: im Süden zerstreut, im Norden selten. Hänge, Gebüsche, Waldränder. Nesterweise in Luzerne. Kalkliebend.

Giftstoffe

Bezeichnung und Eigenschaften: Enthalten ist eine Anzahl von Bitterstoffen, die zu den Laktonen zählen (Alantopikrinkomplex).
Wirkung: Neben Rindern sind auch Schweine gefährdet. Die Tiere zeigen Kolik, Muskelzittern sowie Herzschwäche. Schäden treten auch an Leber und Nieren auf.
Behandlung der Vergiftung: Entfernung der Pflanze aus den Verdauungsorganen durch Abführ- bzw. Brechmittel.
Anwendung der Giftstoffe: In einem alten Kräuterbuch wird berichtet: „Die Duer-Wurtzen treiben den Harn, Monat-Zeit, todte Frucht und Nachgeburt, (darinnen gebadet, oder mit Wein davon getrunken,) sind gut vor die verstopffte Leber, Gelbe-Sucht, Harn-winde, Bauch-grimmen, Schwere Noth, (mit Essig getrunken.)"

● **Gemeine Schafgarbe** – *Achillea millefolium* L.

Erkennungsmerkmale

Blüten weiß oder rötlich in Schirmrispen. Außen Zungen-, innen Röhrenblüten. Zwischen den Blüten linealische Spreublätter.
Frucht ohne Haarkranz.
Blätter lineal-lanzettlich, 2—3fach fiederteilig.

Stengel aufrecht, unverzweigt.
Pflanzenhöhe: 20—80 cm.
Blütezeit: Juni bis November.
Verbreitung: gemein. Wiesen, Wegränder.

Giftstoffe

Bezeichnung und Eigenschaften: Enthalten ist das Glykosid Achillein, das Blausäure abgibt, außerdem kommen ätherische Öle vor.
Beeinflussung des Giftgehaltes: Der Gehalt an Achillein ist von der Jahreszeit und der Witterung abhängig, meist ist er jedoch sehr gering.
Wirkung: s. Blausäure-Vergiftung, Lein, S. 108.
Anwendung der Giftstoffe: Im allgemeinen gilt die Pflanze wegen der ätherischen Öle als Heilpflanze, darum findet sie auch häufig in Tees Verwendung. Die Blüten und das Kraut sind Bestandteile von Mitteln gegen allgemeine Magen-Darm-Erkrankungen und wegen ihres Gehaltes an ungesättigten Fettsäuren auch Bestandteil von Lebertees.

● **Gemeiner Rainfarn** – *Tanacetum vulgare* L.
Wurmkraut

Erkennungsmerkmale

Blüten gelb, röhrig, in 6—10 mm breiten Köpfen, die in Schirmrispen angeordnet sind.
Frucht ohne Haarkranz.
Blätter wechselständig, einfach-doppelt fiederteilig.
Stengel aufrecht, unverzweigt.
Pflanzenhöhe: 60—120 cm.
Blütezeit: Juni bis September.
Verbreitung: verbreitet, in den Alpen fehlend. Wegränder, Bahndämme.

Giftstoffe

Bezeichnung und Eigenschaften: Der Hauptbestandteil des ätherischen Öls ist das Tanazeton = Thujon (s. Lebensbaum, S. 38), außerdem sind unbekannte Giftstoffe enthalten.
Vorkommen: Hauptsächlich kommen die Inhaltsstoffe in Blüten und Blättern vor.
Wirkung: Bei Rindern treten Reizungen der Schleimhäute und Nieren auf. Auch Leberschäden werden beobachtet. Im allgemeinen wird der R. von Tieren gemieden.

Behandlung der Vergiftung: Verabreichung von Kohle und Entfernen der Pflanzenteile aus den Verdauungsorganen.
Anwendung der Giftstoffe: Die Blüten und das Kraut finden gegen Magen-Darm-Erkrankungen Verwendung. In einem Kräuterbuch wird erwähnt: „Die Pflanzen treiben den Schweiß und Harn, tödten die Würmer, dienen den Nieren und der Mutter, und zu den Wunden."

● **Frühlings-Kreuzkraut** – *Senecio vernalis* W. et K.
Frühlings-Greiskraut

Erkennungsmerkmale

Blüten gelb, außen Zungen-, innen Röhrenblüten. Köpfchen etwa 2 cm breit. Hüllkelchblätter 1reihig, schwarzspitzig, 6—12 Außenhüllkelchblättchen, bis zur Hälfte schwarz gefärbt.
Frucht kurzhaarig, mit weißem Haarkranz.
Blätter halb stengelumfassend, spinnwebig behaart, fiederteilig, Blattzipfel eiförmig, gezähnt.
Pflanzenhöhe: 15—45 cm.
Blütezeit: Mai bis Oktober.
Verbreitung: Im Osten verbreitet, sonst zerstreut. Äcker, Schutt, Wegränder, Bahndämme.

Giftstoffe

Bezeichnung und Eigenschaften: Die Pflanze enthält ähnliche Inhaltsstoffe wie das Gemeine K. (s. dort), aber in geringeren Konzentrationen.
Wirkung: Vergiftungen sind selten und dürften oftmals auf Verwechslung mit dem Jakobs-K. beruhen.

● **Jakobs-Kreuzkraut** – *Senecio jacobaea* L. (Abb. 47)
Jakobs-Greiskraut

Erkennungsmerkmale

Blüten gelb, aus Zungen- und Röhrenblüten zusammengesetzte Köpfchen von 15—20 mm Durchmesser. Hüllkelchblätter 1reihig, schwarzspitzig, 1—3 Außenhüllkelchblättchen (Unterschied zum Frühlings-K.!).
Früchte mit weißem Haarkranz.
Blätter fiederteilig, die Seitenzipfel rechtwinklig abstehend.
Pflanzenhöhe: 30—100 cm.

Blütezeit: Juli bis September.

Verbreitung: verbreitet, im Westen zerstreut. Sonnige Hügel, Waldränder.

Giftstoffe

Bezeichnung und Eigenschaften: Zu finden sind das Hauptalkaloid Jakobin, das u. a. den Bestandteil Retronezin enthält, sowie die

Abb. 47. Jakobs-Kreuzkraut – *Senecio jacobaea.*

Nebenalkaloide Jakonin und Seneziphyllin (Jakodin). Die Alkaloide zählen zu den Pyrrolizidinalkaloiden, die gleich giftig wie die Mutterkornalkaloide sind.

Beeinflussung des Giftgehaltes: Junge Pflanzen sind am giftigsten.

Die Substanzen sind auch im Heu und selbst noch nach Silierung wirksam.

Wirkung: Erkrankungen durch Kreuzkraut-Arten werden als „Seneziose" oder „Schweinsberger Krankheit" bezeichnet. Sie ereignen sich bei Pferd, Rind, Schwein, Schaf, Ziege und Geflügel. Dabei sind die Wiederkäuer gegenüber den Giften widerstandsfähiger. Die Vergiftungen ereignen sich meist nach Heuverfütterung, da die Tiere die frische Pflanze auf der Weide nur in Notzeiten in größeren Mengen aufnehmen. Das Krankheitsbild mit meist tödlichem Ausgang verläuft schnell (akut) oder langsam (chronisch) im Verlaufe von 3—5 Tagen bis zu 4 Monaten nach der Jakobs-K.-Aufnahme. Es werden schnelle Atmung, Kolik, Schwäche, Gelbsucht, nervöse Störungen und blutiger Durchfall beobachtet. Stets werden die für diese Alkaloide typischen Leberveränderungen (Zirrhose) gefunden.

Behandlung der Vergiftung: In Anbetracht der Schwere der Erkrankung ist sofort der Tierarzt zu Rate zu ziehen.

● **Gemeines Kreuzkraut** – *Senecio vulgaris* L.
Gemeines Greiskraut

Erkennungsmerkmale

Blüten gelb, in kleinen Köpfchen, nur aus Röhrenblüten bestehend.

Hüllkelchblätter meist 10, schwarzspitzig.

Frucht mit weißem Haarkranz.

Blätter fiederspaltig, ungleich gezähnt, mitunter wie der Stengel spinnwebig behaart.

Pflanzenhöhe: 10—30 cm.

Blütezeit: März bis Oktober.

Verbreitung: gemein. Äcker, Gärten, Schutt.

Giftstoffe

Bezeichnung und Eigenschaften: Enthalten sind neben dem Hauptalkaloid Senezionin noch Senezin sowie in geringen Mengen Seneziphyllin (Jakodin).

Vorkommen: Alkaloidreich ist besonders die Wurzel.

Wirkung: Senezionin entspricht in seiner Wirkung dem Jakobin des Jakobs-K., jedoch stehen chronische Vergiftungen im Vordergrund.

● **Gift-Lattich** – *Lactuca virosa* L. (Abb. 48)

Erkennungsmerkmale

Blüten gelb, nur Zungenblüten, Köpfe in Rispen angeordnet. Hüllkelch dachziegelartig.

Abb. 48. Gift-Lattich – *Lactuca virosa.*

Frucht schwarz, breit berandet, Schnabel so lang wie die Frucht, daran der Haarkranz.

Blätter waagerecht abstehend, ungeteilt, stachelspitzig gezähnt oder buchtig.

Stengel aufrecht, verzweigt, Pflanze mit weißem Milchsaft.

Pflanzenhöhe: 50—150 cm.

Blütezeit: Juli bis August.

Verbreitung: in Mittel- und Westdeutschland zerstreut, sonst selten.

Giftstoffe

Bezeichnung und Eigenschaften: Der Milchsaft enthält Laktuzin und Laktukopikrin, beide Verbindungen zählen zu den Laktonen und schmecken scharf und bitter. Ferner kommen das Taraxasterol (ein Triterpen) und ein chemisch nicht näher bekanntes Alkaloid vor.

Beeinflussung des Giftgehaltes: Die Konzentration der Bitterstoffe ist stark temperatur- und standortabhängig.

Wirkung: Beim Menschen ereignen sich Vergiftungen durch Verwechslung mit Echtem Salat. Tiere zeigen nach der Aufnahme Schweißausbruch, Schwindel und Aufregung. Durch mangelnde Herztätigkeit kann der Tod eintreten.

Behandlung der Vergiftung: Entfernen der Pflanzenteile aus den Verdauungswegen. Verabreichung von Kohle.

3. Bestimmung der Giftpflanzen

3.1. Anleitung zur Pflanzenbestimmung

Hilfsmittel, die die Pflanzenbestimmung erleichtern, sind eine Pinzette zum Zerlegen der Blüten in die einzelnen Teile und eine Lupe mit 6—10facher Vergrößerung. Zur sicheren Bestimmung sollten stets mehrere Exemplare einer Pflanzenart betrachtet werden, denn oftmals sind nicht alle Merkmale gleich deutlich ausgeprägt. Ist es nicht möglich, sofort an Ort und Stelle die Pflanze zu bestimmen, so nimmt man sie am besten in einem Perfolbeutel mit, der gut verschlossen wird. Es ist darauf zu achten, daß die Pflanzenteile vollzählig sind, bei krautigen Pflanzen also auch die Wurzeln und die evtl. grundständigen Blätter sammeln. Einige Bemerkungen über den Standort, z. B. feuchter Buchenwald oder Wegrand, notiert man.

Der Bestimmungsschlüssel ist aus Fragenpaaren aufgebaut, die durch Zahlen und Striche am linken Rand gekennzeichnet sind. Für die zu bestimmende Pflanze trifft jeweils nur der eine Teil des Fragenpaares zu. Die Zahl am Ende (rechter Rand) weist auf das nächste Fragenpaar hin. Ist ein Pflanzenmerkmal nicht klar erkennbar, z. B. der Verlauf der Blattnervatur, entscheiden die übrigen Merkmale, z. B. die Anzahl der Blütenteile, über den weiteren Bestimmungsweg.

Als *Beispiel* soll der bekannte Klatsch-Mohn bestimmt werden. Wir beginnen auf S. 165:

Beim 1. Fragenpaar entscheiden wir uns für den 2. Teil (—), weil die Pflanze in einen grünen Sproß und Wurzeln gegliedert ist und kommen zu 3. Da die Pflanze Blüten besitzt, setzen wir die Bestimmung auf S. 168, unter Samenpflanzen, fort. Hier trifft der 2. Teil des Fragenpaares (—) zu, da es eine krautige Pflanze ist mit einem Fruchtknoten in der Blüte; wir gelangen zu den Bedecktsamern auf S. 169. Die Blattnervatur verläuft netzartig, besser erkennbar sind jedoch die 4 Blumenkronblätter und eine Hauptwurzel mit Nebenwurzeln; somit gelangen wir zu den Zweikeimblättrigen Pflanzen auf S. 173. Die Pflanze ist krautig, wir kommen zu 2. Die Blumenkronblätter der Blüten sind auffallend gefärbt, obwohl der Kelch nur an den Knospen erkennbar ist und beim Aufblühen abfällt, so gelangen wir zu 17. Die Blüten sind nicht schmetterlingsförmig, sondern alle Blumenkronblätter gleichgestaltet, wir kommen über 18 zu 22. Die Blüten wachsen einzeln am Stengel, nicht in einem Körbchen, 23, auch nicht in Dolden, darum gelangen wir zu 24. Zerpflücken wir die Pflanze, erkennen wir in den Stengeln und Blättern Milchsaft; es ist die Familie der Mohngewächse, S. 179. Wir entscheiden uns hier für den 2. Teil des Fragenpaares (—) und gelangen zur Gattung Mohn. Da die Blüten leuchtend rot gefärbt sind, auf abstehend behaarten Stielen wachsen und auch die übrigen entsprechenden Merkmale (vgl. auch Beschreibung auf S. 79) zutreffen, haben wir als Art den Klatsch-Mohn, *Papaver rhoeas*, bestimmt.

3.2. Bestimmungsschlüssel

1 Pflanzen nicht in grünen Sproß und Wurzel gegliedert 2
— Pflanzen in grünen Sproß und Wurzel gegliedert 3
2 Pflanzen als Flecken auf der Wasseroberfläche.

I. Blaualgen

— Pflanzen nicht im Wasser.

II. Pilze

3 Pflanzen ohne Blüten und Samen. Vermehrung durch Sporen.

III. Farnpflanzen, S. 167

— Pflanzen mit Blüten.

IV. Samenpflanzen, S. 168

I. Blaualgen – *Cyanophyta*

1. Familie: Blaugrüne Algen – *Cyanophyceae* (S. 14)

Vorwiegend blaugrüne Flecken auf der Wasseroberfläche („Wasserblüte").

II. Pilze – *Mycophyta*

1 In einem Schlauch werden 8 Sporen gebildet.

1. Schlauchpilze

— Auf einem Ständer werden 4 Sporen gebildet.

2. Ständerpilze, S. 166

1. Schlauchpilze – *Ascomycetes*

1 Pilze Schimmelrasen bildend 2
— Pilze keine Schimmelrasen bildend 3
2 Sporenfruchtträger keulenartig.

1. Gießkannenschimmel

— Sporenfruchtträger besen- oder pinselförmig verzweigt.

2. Pinselschimmel

3 Pilze in Getreideähren.

3. Mutterkorn

— Pilze am Erdboden, in Hut und Stiel gegliedert.

4. Lorchel

1. **Gießkannenschimmel-Arten** – *Aspergillus*-Arten (S. 16)

Gelber, blaugrüner oder schwarzer Schimmel auf Lebens- und Futtermitteln.

2. **Pinselschimmel-Arten** – *Penicillium*-Arten (S. 17)

Wie Gießkannenschimmel-Arten.

3. **Mutterkorn** – *Claviceps purpurea* (S. 18)

Pilz bildet das Getreidekorn zum schwarzen, bananenförmigen Korn um.

4. **Lorchel** – *Gyromitra* (S. 19)

Pilze mit weißem Stiel und hirnartig gewundenem, braunem Hut, im Kiefernwald. Gift-L. – *G. esculenta*

2. **Ständerpilze** – *Basidiomycetes*

1 Pilze auf oder in den oberirdischen Teilen höherer Pflanzen parasitierend 2

— Pilze am Erdboden 3

2 Sporenbildung vorwiegend in den Blüten- und Fruchtständen der befallenen Pflanzen.
Brandpilze – *Ustilaginales* (S. 28)

— Sporenbildung vorwiegend in oder auf den Blättern der befallenen Pflanzen. **Rostpilze** – *Uredinales* (S. 29)

3 Pilze auf der Hutunterseite mit Röhrenlamellen.
Satanspilz – *Boletus satanas* (S. 27)

— Pilze auf der Hutunterseite mit Blattlamellen 4

4 Hutoberseite leuchtend rot mit weißen Flecken.
Fliegenpilz – *Amanita muscaria* (S. 22)

— Hutoberseite anders 5

5 am Grunde des Stieles eine Knolle, die von einer Hülle umgeben ist 6

— Stiel unten ohne Knolle und Hülle 7

6 Hut graugrün bis weiß.
Grüner Knollenblätterpilz – *Amanita phalloides* (S. 20)

— Hut bräunlich, weiß gefleckt, am Rande gerieft.
Brauner Knollenblätterpilz – *Amanita pantherina* (S. 22)

7 Stiel mit dunklen Hautresten, Hut fleischrosa-bräunlich, bis 4 cm breit. **Fleischrötlicher Giftschirmling** – *Lepiota scobinella* (S. 24)

— Pilze anders aussehend 8

8 Hutoberseite grau, schuppig, Stiel keulig, fest, voll.
Tiger-Ritterling – *Tricholoma pardinum* (S. 25)

— Pilze anders aussehend 9

9 Hut zuerst weißlich, kegelig, später rötlich, glockig, faserig.
Ziegelroter Faserkopf – *Inocybe patouillardi* (S. 24)

— Pilze anders aussehend 10

10 Blattlamellen der Hutuntersseite nicht am Stiel herablaufend, gleichbreit, queradrig. **Giftiger Riesenrötling** – *Rhodophyllus lividus* (S. 25)

— Blattlamellen am Stiel mehr oder weniger herablaufend. Pilze weißlich 11

11 Pilze im Wald wachsend, Hut weiß, firnisartig bereift.
Bleiweißer Firnistrichterling – *Clitocybe cerussata* (S. 27)

— Pilze auf Wiesen und grasigen Stellen wachsend 12

12 Hut weiß, bereift, darunter meist fleischbräunlich. Stiel kurz, dünn, zäh. **Giftiger Wiesentrichterling** – *Clitocybe rivulosa* (S. 26)

— Hut unbereift, weiß-schmutzig-gelb.
Weißer Rasen-Gifttrichterling – *Clitocybe dealbata* (S. 27)

III. Farnpflanzen – *Pteridophyta*

1 Sporenkapseln in endständigen Ähren. Stengel gegliedert.
Schachtelhalmgewächse

— Sporenkapseln auf der Blattunterseite, Stengel ungegliedert. Pflanzen mit Wurzeln. **Tüpfelfarngewächse**

1. Familie: Schachtelhalmgewächse – *Equisetaceae*

1. Schachtelhalm – *Equisetum* (S. 30)

1 Fruchtbare Stengel bräunlich, im Frühjahr vor den unfruchtbaren, grünen erscheinend. 1. Astglied länger als die Stengelscheide.
Acker-Sch. – *E. arvense*

— fruchtbare Stengel grün, wie die unfruchtbaren. 1. Astglied kürzer als die Stengelscheide.
Sumpf-Sch. – *E. palustre*

2. Familie: Tüpfelfarngewächse – *Polypodiaceae*

1 Sporenkapselhäufchen direkt am Rande der Blattunterseite. Blatt mit langem Stiel, Fiederblätter erst über der Stielmitte.
1. Adlerfarn

— Sporenkapselhäufchen vom Rande der Blattunterseite entfernt. Blatt mit kurzem Stiel. Fiederblätter ziemlich weit unten beginnend.
2. Wurmfarn

1. Adlerfarn – *Pteridium* (S. 32)

Sporenkapselhäufchen unter dem eingerollten Blattrand. Wedel (Blatt) im Umriß 3eckig, 2-3fach gefiedert, die Spitze überhängend.

Adlerfarn – *P. aquilinum*

2. Wurmfarn – *Dryopteris* (S. 34)

Mehrere Wedel (Blätter) trichterförmig zusammenstehend. Fiedern zum Grunde verschmälert. Sporenkapselhäufchen von einem nierenförmigen Schleier überzogen.

Gemeiner W. – *D. filix-mas*

IV. Samenpflanzen – *Spermatophyta*

1 Samenanlagen nicht in einem Fruchtknoten eingeschlossen. Bäume oder Sträucher mit Nadeln oder schuppigen Blättern.

IV. I. Nacktsamer

— Samenanlagen in einem Fruchtknoten eingeschlossen.

IV. II. Bedecktsamer, S. 169

IV.I. Nacktsamer – *Gymnospermophytina*

1 Bäume oder Sträucher mit schuppenförmigen Blättern.

Zypressengewächse

— Bäume oder Sträucher mit nadelförmigen Blättern 2

2 Nadeln flach, etwa 2 cm lang, in 2 Zeilen am Zweig.

Eibengewächse

— Nadeln rundlich, bis 1 cm lang, quirlig angeordnet.

Zypressengewächse

1. Familie: Eibengewächse – *Taxaceae*

1. Eibe – Taxus (S. 36)

Samen von einem roten, fleischigen Mantel eingeschlossen.

Beeren-E. – *T. baccata*

2. Familie: Zypressengewächse – *Cupressaceae*

1 Zweige 4kantig, schuppig oder Zweige mit Nadeln.

3. Wacholder

— Zweige flach, schuppig 2

2 Zweige senkrecht stehend, beiderseits gleichgefärbt.

2. Lebensbaum (*Biota*)

— Zweige schräg oder waagerecht stehend, oberseits dunkler grün, unterseits heller. **1. Lebensbaum** (*Thuja*)

1. Lebensbaum – *Thuja* (S. 37)
Zapfen mit stumpfen Schuppen.
Abendländischer L. – *T. occidentalis*

2. Lebensbaum – *Biota* (S. 38)
Zapfen mit lang bedornten Schuppen.
Morgenländischer L. – *B. orientalis*

3. Sadebaum – *Juniperus* (S. 38)
Kriechender bis aufsteigender Strauch mit hängenden Beerenzapfen.
Gemeiner S. – *J. sabina*

IV.II. Bedecktsamer – *Angiospermophytina*

1 Blätter mit parallel oder bogig angeordneten Nerven (Ausnahmen: *Paris, Arum*). Blütenteile in 3- oder 6- Zahl.Keine Hauptwurzeln, sondern viele gleichstarke Wurzeln vorhanden. Keimling 1blättrig.
1. Einkeimblättrige Pflanzen

— Blätter in der Regel mit netzartigen Nerven. Blütenteile in 4- oder 5-Zahl. Eine Hauptwurzel vorhanden. Keimling 2blättrig.
2. Zweikeimblättrige Pflanzen, S. 173

IV.II.1. Einkeimblättrige Pflanzen – *Monocotyledonopsida*

1 Pflanzen mit unscheinbaren Blüten und schmalen Blättern. Grasartig. 2
— Pflanzen mit auffallend gefärbten Blüten oder mit breiten Blättern 4

2 Stengel knotig. **Süßgräser, S. 170**
— Stengel glatt 3

3 Blütenstand geknäult, Blätter und Stengel rund, steif.
Binsengewächse, S. 171

— Blütenstand traubig, Blätter linealisch, in Rosetten.
Dreizackgewächse

4 (2) Blüten einzeln oder wenige am Stengel 5
— viele Blüten am Stengel, traubig, rispig oder doldig 10

5 Pflanzen zur Blütezeit (Herbst) ohne grüne Blätter, Blumenkrone hell-lila **Liliengewächse** (Zeitlose), S. 171
— Pflanzen zur Blütezeit mit grünen Blättern 6

6 Pflanzen mit netznervigen Blättern 7
— Pflanzen mit parallel oder bogig verlaufenden Blattnerven 8

7 Blüten unauffällig, grünlich, 4 quirlständige Blätter
Liliengewächse (Einbeere), S. 172

— Blüten auffallend durch ein großes weißes Hochblatt. Blätter pfeilförmig. **Arongewächse** (Aronstab), S. 171

8 (6) Blätter herzförmig, rundlich.
Arongewächse (Schlangenwurz), S. 171

— Blätter linealisch 9

9 Staubblätter 3, Blätter 2—4 cm breit.
Schwertliliengewächse, S. 173

— Staubblätter 6, Blätter 1—2 cm breit.
Amaryllisgewächse, S. 172

10 (4) Blüten violett, Stengel und Blätter rund, hohl.
Liliengewächse (Lauch), S. 172

— Blüten weiß, Blätter flach.
Liliengewächse (Germer, Maiglöckchen, Salomonssiegel), S. 172

1. Familie: Dreizackgewächse – *Juncaginaceae*

1. Dreizack – *Triglochin* (S. 40)

1 Blüten in dichter Folge am Stengel.
Meerstrand-D. – *T. maritima*

— Blüten in unterbrochener Folge am Stengel.
Sumpf-D. – *T. palustris*

2. Familie: Süßgräser – *Poaceae* (*Gramineae*)

1 Blüten in Ähren 2
— Blüten in Rispen 3

2 Ährchen mit der Breitseite der Achse anliegend.
6. Quecke

— Ährchen mit der Schmalseite der Achse anliegend.
7. Weidelgras

3 (1) Rispe wenigästig mit wenigen Ährchen.
2. Perlgras

— Rispe reichästig mit zahlreichen Ährchen 4

4 Blätter behaart. **1. Honiggras**
— Blätter unbehaart 5

5 Blätter 1—2 cm breit.
4. Schwaden

— Blätter 3—4 mm breit
3. Rispengras

1. Honiggras – *Holcus* (S. 41)
Blattscheiden, -spreiten und Stengelknoten behaart.
Wolliges H. – *H. lanatus*

2. Perlgras – *Melica* (S. 41)
Rispe traubig, einseitswendig, nickend.
Nickendes P. – *M. nutans*

3. Rispengras – *Poa* (S. 43)

Runder Stengel mit geschienten Blättern. Rispe unten mit 3—5 Ästen.
Wiesen-R. – *P. pratensis*

4. Schwaden – *Glyceria* (S. 45)

Blätter 1—2 cm breit, gelbgrün, gekielter Mittelnerv. Große, allseitswendige Rispe. Wasser-Sch. – *G. maxima*

5. Weidelgras – *Lolium* (S. 45)

Ährchen in unterbrochener Folge an der Achse.
Taumel-W. – *L. temulentum*

6. Quecke – *Agropyron* (S. 47)

Blattscheiden und -spreiten behaart. Blattöhrchen fein, krallig.
Gemeine Qu. – *A. repens*

3. Familie: Arongewächse – *Araceae*

1 Blätter spieß- oder pfeilförmig.
2. Aronstab

— Blätter herzförmig oder rundlich.
1. Schlangenwurz

1. Schlangenwurz – *Calla* (S. 47)

Grundachse kriechend. Blüten in einem kugeligen Kolben, von einem auffallenden weißen Hochblatt umgeben.
Sumpf-Sch. – *C. palustris*

2. Aronstab – *Arum* (S. 48)

Grundachse knollig. Blüten in einem länglichen Kolben, von einem weißen Hochblatt umschlossen.
Gefleckter A. – *A. maculatum*

4. Familie: Binsengewächse – *Juncaceae*

1. Binse – *Juncus* (S. 49)

Stengel blaugrün, gerillt, mit unterbrochenem Mark. Blüten gebüschelt, scheinbar seitenständig.
Blaugrüne B. – *J. inflexus*

5. Familie: Liliengewächse – *Liliaceae*

1 Pflanzen zur Blütezeit, im Herbst, ohne grüne Blätter. Im Frühjahr linealische Blätter und 3teilige Kapselfrucht sichtbar
2. Zeitlose

— Pflanzen zur Blütezeit mit grünen Blättern 2

2 Blätter netznervig

6. Einbeere

— Blätter parallelnervig 3

3 Blätter und Stengel röhrig.

3. Lauch

— Blätter flach 4

4 Blüten radförmig, ausgebreitet. Pflanzen 60—120 cm hoch. Hochgebirgspflanze. **1. Germer**

— Blüten glockig oder röhrig. Pflanzen niedriger 5

5 Blüten kugelig-glockig. Blätter grundständig.

5. Maiglöckchen

— Blüten röhrig, am beblätterten Stengel.

4. Salomonssiegel

1. Germer – *Veratrum* (S. 50)

Weißliche Blüten in 30—60 cm langen, dichten Rispen. Blätter sehr groß, elliptisch-lanzettlich.

Weißer G. – *V. album*

2. Zeitlose – *Colchicum* (S. 52)

Pflanze am Grunde mit einer Knolle. Im Herbst mit hellvioletter Blüte. Herbst-Z. – *C. autumnale*

3. Lauch, Zwiebel – *Allium* (S. 54)

Violette Blüten in einer kugeligen Scheindolde. Blätter röhrig aufgeblasen. Küchen-Zwiebel – *A. cepa*

4. Salomonssiegel – *Polygonatum* (S. 55)

Je 1—2 weiße Blüten in den Blattachseln am kantigen Stengel.

Wenigblütiger S. – *P. odoratum*

5. Maiglöckchen – *Convallaria* (S. 55)

Weiße Blüten in einseitswendiger Traube. Pflanze mit Ausläufern.

Maiglöckchen – *C. majalis*

6. Einbeere – *Paris* (S. 56)

Blätter lanzettlich-elliptisch, Blüte endständig. Frucht eine glänzend schwarze Beere. Vierblättrige E. – *P. quadrifolia*

6. Familie: Amaryllisgewächse – *Amaryllidaceae*

1. Narzisse – *Narcissus* (S. 57)

1 Blüten gelb, 6 ausgebreitete Blumenkronblätter mit bocherförmiger Nebenkrone. Gelbe N. – *N. pseudonarcissus*

— Blüten weiß, flache Nebenkrone mit orangefarbenem Rand.

Weiße N. – *N. poeticus*

7. Familie: Schwertliliengewächse – *Iridaceae*

1. Schwertlilie – *Iris* (S. 58.)
Große gelbe Blüten, schwertförmige Blätter.
Wasser-Sch. – *I. pseudacorus*

IV.II.2. Zweikeimblättrige Pflanzen – *Dicotyledonopsida*

1 Pflanzen holzig, wenigstens im unteren Teil 6
— Pflanzen stets krautig 2
2 Blumenkrone einfach, oft unscheinbar. Keine grünen Kelch- und anders gefärbten Blumenkronblätter vorhanden 3
— Blüten mit Kelchblättern (fallen oft zeitig ab) und auffallend gefärbten Blumenkronblättern 17
3 Blüten in zusammengesetzten Dolden mit undeutlichem Kelch, Blätter gefiedert.
Doldengewächse, S. 184
— Blätter einfach, ungefiedert 4
4 Stengel mit Knoten, die von einer trockenhäutigen Scheide umgeben sind. **Knöterichgewächse**, S. 176
— Stengel ohne Knoten und trockenhäutige Scheiden 5
5 Wurzel rübenartig. Große grundständige, lang gestielte Blätter.
Gänsefußgewächse, S. 177
— Wurzel nicht rübenartig. Pflanzen mit Milchsaft oder Pflanzen ohne Milchsaft, dann Blüten 1 geschlechtlich.
Wolfsmilchgewächse, S. 183
6 (1) Blüten grünlich oder unscheinbar 11
— Blüten auffallend gefärbt 7
7 Rosa-rote Blüten im Frühjahr, schon vor den grünen Blättern. Rote Steinfrüchte. **Seidelbastgewächse**, S. 184
— Blüten später, an der beblätterten Pflanze 8
8 Blüten schmetterlingsförmig, gelb oder weiß, Blätter 3zählig oder gefiedert. **Schmetterlingsblütengewächse**, S. 180
— Blüten nicht schmetterlingsförmig 9
9 Blüten 4teilig, klein, weiß, in reichblütigen, endständigen Rispen. Blattstiele nicht durch Querlinien verbunden. Blätter einfach, ganzrandig. **Ölbaumgewächse**, S. 186
— Pflanzen anders aussehend 10
10 Blätter lederartig, wechselständig.
Heidekrautgewächse, S. 185

— Blätter nicht lederartig, gegenständig, die Blattstiele durch Querlinien verbunden.

Geißblattgewächse, S. 188

11 (6) Blätter immergrün, ledrig, oberseits glänzend 12

— Blätter sommergrün 14

12 alle Blätter ganzrandig, klein, oval.

Buchsbaumgewächse, S. 183

— Blätter anders gestaltet 13

13 Blätter dornig ausgerandet, ledrig, starr.

Stechhülsengewächse, S. 184

— Blätter 5lappig, an fruchtenden Zweigen ungeteilt.

Efeugewächse, S. 184

14 (11) Blätter zusammengesetzt.

Sumachgewächse, S. 184

— Blätter einfach 15

15 Früchte in holzigen Bechern, Blüten 1geschlechtlich, männliche Blüten in Kätzchen. Bäume.

Buchengewächse, S. 176

— Blüten und Früchte anders gestaltet 16

16 Frucht eine rote Kapsel. Blätter etwa 3mal länger als breit. Junge Zweige 4kantig. **Spindelbaumgewächse**, S. 184

— Frucht eine schwarze, beerenartige Steinfrucht, Blätter etwa 2mal länger als breit. **Kreuzdorngewächse**, S. 184

17 (2) Blüten schmetterlingsförmig, Frucht eine Hülse, Blätter 3teilig oder gefiedert. **Schmetterlingsblütengewächse**, S. 180

— Blüten nicht schmetterlingsförmig 18

18 Blüten gespornt, helmartig oder 2lippig 19

— Blüten anders gestaltet 22

19 Blüten blau, gespornt oder helmartig. Blätter tief eingeschnitten oder langzipflig. **Hahnenfußgewächse**, S. 178

— Blüten 2lippig, Blätter nicht tief eingeschnitten 20

20 Blätter herz-nierenförmig ,Blüten gelb

Osterluzeigewächse, S. 176

— Blätter lanzettlich, gesägt oder rundlich, gekerbt 21

21 Fruchtknoten und Frucht 4teilig. Blüten violett, klein. Der gesamte Stengel 4kantig. **Lippenblütengewächse**, S. 186

— Fruchtknoten und Frucht nicht 4teilig. Blüten klein, weißlich oder groß, violett-rot. **Braunwurzgewächse**, S. 188

22 (18) zahlreiche Einzelblüten in einem Körbchen von einem grünen Hüllkelch umgeben.

Korbblütengewächse, S. 189

— Blüten anders angeordnet 23

23 Blüten in zusammengesetzten Dolden, Blätter gefiedert.
Doldengewächse, S. 184

— Blüten nicht in zusammengesetzten Dolden 24

24 Pflanzen mit Milchsaft, Kelch fällt meist früh ab.
Mohngewächse, S. 179

— Pflanzen ohne Milchsaft 25

25 Pflanzen windend oder rankend 26

— Pflanzen nicht windend oder rankend 28

26 Blüten weiß, groß, trichterförmig, Blätter pfeilförmig. Frucht eine braune Kapsel. **Windengewächse**, S. 186

— Blüten aus gleichartigen Blumenkronblättern bestehend. Frucht eine Beere 27

27 Blüten violett, Beeren rot.
Nachtschattengewächse, S. 187

— Blüten grünlich-gelb. Kugelige Beeren, rot oder schwarz.
Kürbisgewächse, S. 189

28 (25) Blätter dickfleischig, Pflanzen etwa 4 cm hoch, rasenbildend.
Dickblattgewächse, S. 180

— Blätter nicht dickfleischig, Pflanzen größer 29

29 Blätter kleeblattartig, Blüten gelb oder weiß, sehr zart.
Sauerkleegewächse, S. 183

— Blätter nicht kleeblattartig 30

30 Blumenkronblätter zumindest am Grunde miteinander verwachsen, sie lassen sich nicht einzeln herausziehen 35

— Blumenkronblätter nicht miteinander verwachsen 31

31 Blumenkronblätter 4, Kelchblätter 4, Staubblätter 6, 4 länger, 2 kürzer. **Kreuzblütengewächse**, S. 179

— Blüten anders 32

32 Blätter durchscheinend punktiert, Blüten 5strahlig, gelb. Zahlreiche Staubblätter, gebündelt.
Hartheugewächse, S. 184

— Blätter nicht durchscheinend punktiert 33

33 Staubblätter zahlreich.
Hahnenfußgewächse, S. 178

— Staubblätter 4, 5 oder 10 34

34 Stengel kräftig, knotig, mit gegenständigen Blättern. Blüten rot oder rosa-weiß. **Nelkengewächse**, S. 177

— Stengel zart, nicht knotig. Blüten weiß oder blau.
Leingewächse, S. 183

35 (30) Fruchtknoten und Frucht 4teilig. Frucht bestachelt, Blätter rauhhaarig. **Borretschgewächse, S. 186**

— Fruchtknoten nicht 4teilig 36

36 Blätter gegenständig. Samen mit weißen Seidenhaaren in aufgeblasenen Balgfrüchten.
Schwalbenwurzgewächse, S. 186

— Blätter wechselständig, Frucht eine Beere oder Kapsel.
Nachtschattengewächse, S. 187

1. Familie: Buchengewächse – *Fagaceae*

1 Blätter ganzrandig.
1. Buche

— Blätter gelappt. **2. Eiche**

1. Buche – *Fagus* (S. 59)

Stamm mit glatter, grauer Rinde. Blätter oberseits glänzend. Früchte 3kantig, Bucheckern.
Rot-B. – *F. sylvatica*

2. Eiche – *Quercus* (S. 59)

1 Früchte lang gestielt. Blattspreiten am Grunde abgerundet.
Stiel-E. – *Qu. robur*

— Früchte kurz gestielt, Blattspreiten allmählich in den Stiel verlaufend.
Trauben-E. – *Qu. petraea*

2. Familie: Osterluzeigewächse – *Aristolochiaceae*

1. Osterluzei – *Aristolochia* (S. 61)

Stengel aufrecht. Schmutzig gelbe, 2lippige Blüten, gebüschelt in den Blattachseln. Aufrechte O. – *A. clematitis*

3. Familie: Knöterichgewächse – *Polygonaceae*

1 Frucht aus den Blumenkronblättern hervorragend.
3. Buchweizen

— Frucht von den Blumenkronblättern eingeschlossen 2

2 Blätter zum größten Teil spieß- oder pfeilförmig 3

— Blätter länglich-lanzettlich, allmählich in den Grund verschmälert.
2. Knöterich (Pfeffer-, Floh-K.)

3 Pflanze kriechend oder windend. Blätter breit pfeilförmig.
2. Knöterich (Winden-K.)

— Pflanze aufrecht, Blätter mehrmals länger als breit, spieß- oder pfeilförmig. **1. Ampfer**

1. Ampfer – *Rumex* (S. 62)

1 Pflanze 5—25 cm hoch, Blätter schmal linealisch, meist mit spießförmig abstehenden Ecken.
Kleiner A. – *R. acetosella*

— Pflanze 30—100 cm hoch. Wenigstens die unteren Blätter etwa 2 cm breit. Spießecken einwärts gerichtet. Stengel zur Fruchtzeit rot.
Großer Sauer-A. – *R. acetosa*

2. Knöterich – *Polygonum* (S. 63)

1 Pflanze windend oder kriechend. Blätter herz-pfeilförmig.
Winden-K. – *P. convolvulus*

— Pflanze aufrecht oder aufsteigend, Blätter lineal-lanzettlich 2

2 Scheinähren lockerblütig, dünn. Blätter mit scharfem Geschmack.
Pfeffer-K. – *P. hydropiper*

— Scheinähren dichtblütig, dick. Haut der Stengelknoten (Tuten) am Rande lang gewimpert, auf der Fläche kurzhaarig.
Floh-K. – *P. persicaria*

3. Buchweizen – *Fagopyrum* (S. 65)

Blüten weiß-rot. Frucht scharf 3kantig. Blätter herz-pfeilförmig. Stengel meist rot.
Echter B. – *F. esculentum*

4. Familie: Gänsefußgewächse – *Chenopodiaceae*

1. Rübe – *Beta* (S. 66)

1 Rübe gelblich oder rötlich.
Futter-R. – *B. vulgaris* var. *rapa*

— Rübe weiß. Zucker-R. – *B. vulgaris* var *altissima*

5. Familie: Nelkengewächse – *Caryophyllaceae*

1 Pflanze behaart, Kelchzipfel laubblattartig.
1. Rade

— Pflanze kahl, Kelchblätter verwachsen.
2. Seifenkraut

1. Rade – *Agrostemma* (S. 68)

Blüten rot, 3—4 cm breit.
Korn-R. – *A. githago*

2. Seifenkraut – *Saponaria* (S. 68)

Blätter mit 3 bogig verlaufenden Nerven. Blumenkrone weiß-rosa, mit Nebenkrone.
Echtes S. – *S. officinalis*

6. Familie: Hahnenfußgewächse – *Ranunculaceae*

1 Blüten gespornt. **3. Rittersporn**
— Blüten ungespornt 2
2 Blüten helmartig, blau
4. Eisenhut
— Blüten strahlig, Blumenkronblätter gleichartig 3
3 Blüten gelb 4
— Blüten weiß oder violett 6
4 Blumenkronblätter 10—20.
5. Adonisröschen
— Blumenkronblätter weniger als 10 5
5 Blätter und Stengel fleischig, Blüten bis 4 cm breit.
1. Dotterblume
— Blätter und Stengel nicht fleischig, Blüten kleiner.
8. Hahnenfuß
6 (4) Blätter ledrig, immergrün, handförmig geteilt. Blüten weiß.
2. Nieswurz
— Blätter nicht ledrig, sommergrün, gefingert oder 3teilig 7
7 Blüten violett, Früchte mit lang behaartem Fortsatz, Blätter gefingert. **6. Kuhschelle**
— Blüten meist weiß. Früchte kahl. Blätter 3teilig.
7. Windröschen

1. Dotterblume – *Caltha* (S. 69)
Stengel hohl, Blätter glänzend, nieren-herzförmig mit gekerbtem Rand. Sumpf-D. – *C. palustris*

2. Nieswurz – *Helleborus* (S. 70)
Blüten weiß, etwa 6 cm breit. Blätter grundständig.
Schwarze N. – *H. niger*

3. Rittersporn – *Delphinium* (S. 71)
Blüten in wenigblütigen Trauben.
Feld-R. – *D. consolida*

4. Eisenhut – *Aconitum* (S. 71)
Blüten dunkelblau, Helm breiter als hoch. Blätter tief handförmig geteilt. Blauer E. – *A. napellus*

5. Adonisröschen – *Adonis* (S. 72)
Blüten gelb, etwa 6 cm breit.
Frühlings-A. – *A. vernalis*

6. Kuhschelle – *Pulsatilla* (S. 73)
1 Blüten nickend, dunkelviolett. Blumenkronblätter etwa gleichlang wie die Staubblätter.
Wiesen-K. – *P. pratensis*
— Blüten aufrecht, hellviolett. Blumenkronblätter viel länger als die Staubblätter. Echte K. – *P. vulgaris*

7. Windröschen – *Anemone* (S. 74)

Blüten einzeln, etwa 2—3 cm breit. Blätter 3teilig mit 3spaltigen Abschnitten. Busch-W. – *A. nemorosa*

8. Hahnenfuß – *Ranunculus* (S. 74)

1 Kelchblätter nach unten geschlagen, Blütenstiele gefurcht 2

— Kelchblätter aufrecht, Blüten etwa 15 mm breit. Blütenstiele glatt. Blätter handförmig geteilt mit schmalen Zipfeln. Stengelblätter nach oben einfacher. Scharfer H. – *R. acris*

2 Blüten etwa 20 mm breit. Stengel am Grunde knollig verdickt.
Knolliger H. – *R. bulbosus*

— Blüten zahlreich, 5—10 mm breit. Kelch- und Blumenkronblätter etwa gleichlang. Gift-H. – *R. sceleratus*

7. Familie: Mohngewächse – *Papaveraceae*

1 Blüten gelb, Milchsaft orange.
1. Schöllkraut

— Blüten weiß oder rot, Milchsaft weiß.
2. Mohn

1. Schöllkraut – *Chelidonium* (S. 77)

Blätter fiederteilig, Abschnitte gebuchtet. Frucht eine Schote.
Großes Sch. – *Ch. majus*

2. Mohn – *Papaver* (S. 78)

1 Blüten leuchtend rot, Blütenstiele abstehend behaart. Kapsel verkehrt eiförmig, klein.
Klatsch-M. – *P. rhoeas*

— Blüten weiß oder violett, Blätter ungeteilt, blaugrün. Kapsel groß.
Schlaf-M. – *P. somniferum*

8. Familie: Kreuzblütengewächse – *Brassicaceae (Cruciferae)*

1 Zumindest die grundständigen Blätter geteilt oder sehr tief eingeschnitten 3

— grundständige Blätter ungeteilt 2

2 Frucht ein kugeliges Schötchen. Grundständige Blätter sehr groß, ungeteilt, untere Stengelblätter fiederspaltig. Blüten weiß.
2. Meerrettich

— Frucht eine Schote. Alle Blätter ungeteilt. Blüten gelb.
1. Schöterich (Gänsesterbe)

3 (1) Schote perlschnurartig eingeschnürt. Blüten hellgelb oder weiß. Kelchblätter aufrecht.
5. Hederich

— Schoten nicht eingeschnürt. Blüten gelb 4
4 Obere Stengelblätter stengelumfassend.
3. **Kohl** (Raps, Rübsen, Markstamm-K.)
— obere Stengelblätter nicht stengelumfassend 5
5 Schoten dem Stengel angedrückt.
3. **Kohl** (Scharzer Senf)
— Schoten abstehend. Kelchblätter gesenkt.
4. **Senf**

1. Schöterich (Gänsesterbe) – *Erysimum* (S. 81)

Blüten hellgelb. Schoten grau, kantig.
Bleicher Sch. – *E. crepidifolium*

2. Meerrettich – *Armoracia* (S. 82)

Grundständige Blätter groß, länglich, mit gekerbtem Rand.
Echter M. – *A. lapathifolia*

3. Kohl – *Brassica* (S. 83)

1 Alle Blätter gestielt.
Senf-K. (Schwarzer Senf) – *B. nigra*
— obere Stengelblätter herzförmig stengelumfassend 2
2 Stengel im oberen Teil fleischig verdickt.
Markstamm-K. – *B. oleracea* var. *medullosa*
— Stengel nicht verdickt 3
3 Blüten die Knospen überragend.
Rübsen – *B. rapa* var. *silvestris*
— Knospen die Blüten überragend.
Raps – *B. napus* var. *arvensis*

4. Senf – *Sinapis* (S. 87)

1 Schoten kahl oder wenig behaart. Samen schwarz.
Acker-S. – *S. arvensis*
— Schoten borstig behaart. Samen gelb.
Weißer S. – *S. alba*

5. Hederich – *Raphanus* (S. 89)

Blüten hellgelb oder weiß mit rötlichen Adern.
Acker-H. – *R. raphanistrum*

9. Familie: Dickblattgewächse – *Crassulaceae*

1. Mauerpfeffer – *Sedum* (S. 91)

Blätter dick, ungespornt, scharfer Geschmack. Pflanzen mit gelben Strahlblüten. Scharfer M. – *S. acre*

10. Familie: Schmetterlingsblütengewächse – *Fabaceae (Papilionaceae)*

1 Bäume oder Sträucher 2

— Kräuter 4
2 Blätter 3teilig 3
— Blätter gefiedert, Blüten weiß.
7. Robinie
3 Sträucher mit rutenförmigen Zweigen und kleinen, schmalen Blättchen. **3. Besenginster**
— hohe Sträucher oder Bäume mit elliptischen Blättchen. Blüten gelb.
2. Goldregen
4 (1) Blätter 3zählig 5
— Blätter gefingert oder gefiedert, oft mit Ranken 7
5 Blättchen mindestens 5 cm breit, jedes mit Nebenblättern. Weiße Blüten in kurzen Trauben.
11. Bohne
— Blättchen schmaler 6
6 Blüten in doldigen Köpfchen, weiß-rot.
5. Klee
— Blüten traubig, weiß oder gelb.
4. Steinklee
7 (4) Blätter gefingert, Blüten weiß, blau oder gelb.
1. Lupine
— Blätter gefiedert 8
8 Blüten in doldigen Köpfchen, bunt (weiß, rötlich, violett)
8. Kronwicke
— Blüten einzeln oder traubig 9
9 Blätter unpaarig gefiedert, Blüten bläulich-weiß, in Trauben.
6. Geißraute
— Blätter paarig gefiedert, meist mit Ranken 10
10 Blüten mindestens 2 cm breit.
10. Platterbse
— Blüten kleiner. **9. Wicke**

1. Lupine – *Lupinus* (S. 92)

1 Blätter mit 10—15 Blättchen. Blüten blau, weiß oder rosa.
Vielblättrige L. – *L. polyphyllus*
— Blätter aus weniger als 10 Blättchen bestehend 2
2 Blüten gelb. Gelbe L. – *L. luteus*
— Blüten blau, selten weiß oder rötlich.
Blaue L. – *L. angustifolius*

2. Goldregen – *Laburnum* (S. 93)

Blüten in hängenden Trauben.
Gemeiner G. – *L. anagyroides*

3. Besenginster – *Sarothamnus* (S. 94)

Zweige 4kantig. Hülsen flach, behaart. Blättchen 1 cm lang. Blüten gelb. Gemeiner B. – *S. scoparius*

4. Steinklee – *Melilotus* (S. 95)

1 Blüten weiß. Weißer St. – *M. albus*

— Blüten gelb. Hülse kahl. Alle Nebenblätter ganzrandig.
Echter St. – *M. officinalis*

5. Klee – *Trifolium* (S. 97)

1 Blüten rot. Blättchen eiförmig oder elliptisch. Nebenblätter mit Grannenspitze. Rot.K. – *T. pratense*

— Blüten weiß oder rosa 2

2 Stengel kriechend, Nebenblätter trockenhäutig.
Weiß-K. – *T. repens*

— Stengel aufsteigend, Nebenblätter nicht trockenhäutig.
Schweden-K. – *T. hybridum*

6. Geißraute – *Galega* (S. 98)

Blätter aus 9—17 lanzettlichen Blättchen bestehend.
Echte G. – *G. officinalis*

7. Robinie – *Robinia* (S. 99)

Weiße Blüten in hängenden Trauben. Blätter aus 9—17 eiförmigen Blättchen bestehend.
Weiße R. – *R. pseudo-acacia*

8. Kronwicke – *Coronilla* (S. 100)

Dolde aus 8—20 Blüten bestehend, Blätter aus 12—24 Blättchen.
Bunte K. – *C. varia*

9. Wicke – *Vicia* (S. 101)

1 Blüten in vielblütigen Trauben 2

— Blüten nicht in vielblütigen Trauben 3

2 Stengel und Blätter zottig behaart, Einzelblüten 15—20 mm lang.
Zottel-W. *V. villosa*

— Stengel und Blätter wenig weichhaarig. Einzelblüten 8—11 mm lang.
Vogel W. – *V. cracca*

3 (1) Blüten einzeln oder zu 2 in den Blattachseln sitzend.
Saat-W. – *V. sativa*

— Blüten in lang gestielten, 2blütigen Trauben.
Linsen-W. – *V. ervilia*

10. Platterbse – *Lathyrus* (S. 104)

1 Traube 2—3blütig. Fiederblatt aus 2 elliptischen Blättchen und Wickelranken bestehend.
Wohlriechende P. – *L. odoratus*

— Traube 1blütig. Fiederblatt aus 2 lineal-lanzettlichen Blättchen und Wickelranken bestehend.
Saat-P. – *L. sativus*

11. Bohne – *Phaseolus* (S. 105)
Stengel aufrecht oder windend. Blüten meist weiß.
Garten-B. – *Ph. vulgaris*

11. Familie: Sauerkleegewächse – *Oxalidaceae*

1. Sauerklee – *Oxalis* (S. 106)
1 Blüten weiß. Stengel 1blütig, nur grundständige Blätter.
Wald-S. – *O. acetosella*
— Blüten gelb. Stengel mehrblütig, beblättert, aufrecht. Am Grunde der Blattstiele keine Nebenblätter.
Aufrechter S. – *O. stricta*

12. Familie: Leingewächse – *Linaceae*

1. Lein – *Linum* (S. 107)
1 Blüten weiß, höchstens 1 cm breit.
Wiesen-L. – *L. catharticum*
— Blüten blau, mindestens 2 cm breit. Pflanze 1stengelig.
Saat-L.– *L. usitatissimum*

13. Familie: Wolfsmilchgewächse – *Euphorbiaceae*

1 Pflanze mit Milchsaft.
1. Wolfsmilch
— Pflanze ohne Milchsaft.
2. Bingelkraut

1. Wolfsmilch – *Euphorbia* (S. 110)
1 Blätter verkehrt eiförmig, zum Grunde keilig. Dolden 5strahlig. Blüten mit ovalen Drüsen.
Sonnen-W. – *E. helioscopia*
— Blätter sehr schmal linealisch. Dolden vielstrahlig. Blüten mit 2hörnigen Drüsen. Zypressen-W. – *E. cyparissias*

2. Bingelkraut – *Mercurialis* (S. 111)
1 Stengel 4kantig, ästig.
Schutt-B. – *M. annua*
— Stengel rund, einfach.
Wald-B. – *M. perennis*

14. Familie: Buchsbaumgewächse – *Buxaceae*

1. Buchsbaum – *Buxus* (S. 112)
Blüten unscheinbar, geknäult in den Blattachseln. Zierstrauch.
Gemeiner B. – *B. sempervirens*

15. Familie: Sumachgewächse – *Anacardiaceae*

1. Sumach – *Rhus* (S. 114)
Blätter 3zählig, Blättchen ganzrandig oder in der Mitte gesägt. Bis 1 m hoher Zierstrauch.
Gift-S. – *Rh. toxicodendron*

16. Familie: Stechhülsengewächse – *Aquifoliaceae*

1. Stechhülsen – *Ilex* (S. 115)
Blätter dornig ausgerandet.
Stechhülsen – *I. aquifolium*

17. Familie: Spindelbaumgewächse – *Celastraceae*

1. Pfaffenhütchen – *Euonymus* (S. 116)
Frucht eine 4kantige, 4klappige Kapsel. Samen mit orangefarbenem Mantel. Europäisches Pf. – *E. europaea*

18. Familie: Kreuzdorngewächse – *Rhamnaceae*

1. Kreuzdorn, Faulbaum – *Rhamnus* (S. 117)
1 Blätter ganzrandig, Zweige ohne Dornen.
Faulbaum – *R. frangula*
— Blätter mit gesägtem Rand. Zweige in Dornen endend.
Kreuzdorn – *R. cathartica*

19. Familie: Hartheugewächse – *Hypericaceae*

1. Hartheu – *Hypericum* (S. 118)
Blätter durch Öldrüsen fein punktiert. Stengel 2kantig, markig, kahl, aufrecht. Tüpfel-H. – *H. perforatum*

20. Familie: Seidelbastgewächse – *Thymelaeaceae*

1. Seidelbast – *Daphne* (S. 120)
Blätter lanzettlich, ganzrandig. Blüten rosa-rot, Beeren rot. Sommergrüner Strauch. Gemeiner S. – *D. mezereum*

21. Familie: Efeugewächse – *Araliaceae*

1. Efeu – *Hedera* (S. 120)
Mit den Wurzeln kletternder Strauch. Blätter gelappt, an den fruchtenden Zweigen eiförmig-lanzettlich.
Gemeiner E. – *H. helix*

22. Familie: Doldengewächse – *Apiaceae (Umbelliferae)*

1 Wurzel rübenartig, quergekammert.
3. Wasserschierling
— Wurzel nicht rübenartig, niemals quergekammert 2
2 Pflanzen an sehr feuchten Standorten: Ufer, Gräben, feuchte Wiesen 3
— Pflanzen an trockeneren Standorten: Zäune, Schutt, Gärten, Gebüsch 4

3 untere Blätter 2—3fach gefiedert.
5. Pferdesaat

— untere Blätter einfach gefiedert (ausgenommen sind untergetauchte Blätter) **4. Merk**

4 (2) Döldchen mit einseitswendig zurückgeschlagenen Hüllchenblättern. **6. Hundspetersilie**

— Hüllchenblätter anders aussehend 5

5 Dolden am Grunde mit Hüllblättern.
2. Schierling

— Dolden am Grunde ohne Hüllblätter, Hüllchenblätter der Döldchen behaart. **1. Kälberkropf**

1. Kälberkropf – *Chaerophyllum* (S. 121)
Stengel zerstreut rauhhaarig, unter den Knoten etwas verdickt. Blättchen mit stumpfen Zipfeln. Frucht schwärzlich, ungeschnäbelt.
Betäubender K. – *Ch. temulum*

2. Schierling – *Conium* (S. 123)
Dolde 10—20strahlig mit Hüll- und Hüllchenblättern. Stengel unten mit braunroten Flecken. Geriebenes Kraut mit Mäusegeruch.
Gefleckter Sch. – *C. maculatum*

3. Wasserschierling – *Cicuta* (S. 125)
Wurzelstock dickfleischig mit gefächerten Hohlräumen. Blätter 2bis 3fach fiederteilig. Blättchen linear-lanzettlich mit gesägtem Rand.
Gift-W. – *C. virosa*

4. Merk – *Sium* (S. 127)
Wurzel dünn, Stengel gefurcht. Blättchen schief lanzettlich mit gesägtem Rand. Untergetauchte Blätter mit lineal-zipfligen Blättchen.
Großer M. – *S. latifolium*

5. Pferdesaat – *Oenanthe* (S. 128)

1 Hüllblätter der Dolden 4—6blättrig.
Wiesen-Pf. – *Oe. lachenalii*

— Hüllblätter der Dolden fehlend oder 1—2blättrig 2

2 Dolden 3—5strahlig.
Röhrige Pf. – *Oe. fistulosa*

— Dolden vielstrahlig.
Wasser-Pf. – *Oe. aquatica*

6. Hundspetersilie – *Aethusa* (S. 130)
Blätter glänzend, 2—3fach fiederteilig, Blättchen gesägt. Frucht hellbraun. Gemeine H. – *Ae. cynapium*

23. Familie: Heidekrautgewächse – *Ericaceae*

1 Blüten sehr groß, rot, gelb oder weiß. Blätter 4—10 cm lang, ganzrandig. **1. Rhododendron**

— Blüten bis 1 cm, auch die Blätter wesentlich kleiner 2

2 Blätter linealisch, am Rande umgerollt, oberseits glänzend, dunkelgrün.
2. Gränke
— Blätter verkehrt eiförmig, blaugrün, stumpf.
3. Trunkelbeere

1. **Rhododendron** (S. 132)
Mehrere Arten im Hochgebirge. Bei uns als Ziersträucher mit großen Blüten und immergrünen, ledrigen Blättern.

2. **Gränke** – *Andromeda* (S. 132)
Blüten weiß oder rosa, kugelig, in nickenden Dolden.
Polei-G. – *A. polifolia*

3. **Trunkelbeere** – *Vaccinium* (S. 133)
Blüten weiß oder rötlich, eikrugförmig.
Trunkelbeere – *V. uliginosum*

24. Familie: Ölbaumgewächse – *Oleaceae*

1. **Liguster** – *Ligustrum* (S. 134)
Blätter ganzrandig, länglich-lanzettlich. Blüten weiß, klein, in Rispen. Frucht schwarz. Gemeiner L. – *L. vulgare*

25. Familie: Schwalbenwurzgewächse – *Asclepiadaceae*

1. **Schwalbenwurz** – *Cynanchum* (S. 135)
Blätter herz-eiförmig, obere lanzettlich. Blüten weiß, 5zählig.
Weiße Sch. – *C. vincetoxicum*

26. Familie: Windengewächse – *Convolvulaceae*

1. **Zaunwinde** – *Calystegia* (S. 136)
Blätter lang gestielt. Blumenkrone weiß, bis 7 cm lang.
Zaunwinde – *C. sepium*

27. Familie: Borretschgewächse – *Boraginaceae*

1. **Hundszunge** – *Cynoglossum* (S. 137)
Trichterförmige Blumenkrone, rotbraun-violett, innen mit Einstülpungen (Schlundschuppen).
Echte H. – *C. officinalis*

28. Familie: Lippenblütengewächse – *Lamiaceae (Labiatae)*

1 Blätter rundlich-nierenförmig. Pflanze kriechend.
1. Gundermann
— Blätter länglich-lanzettlich. Pflanze aufrecht.
2. Minze

1. **Gundermann** – *Glechoma* (S. 138)
Blüten blau-violett, in blattachselständigen Scheinquirlen. Blattrand gekerbt. Efeublättriger G. – *G. hederaceum*

2. Minze – *Mentha* (S. 139)

Blüten rot-violett, in Scheinquirlen, eine lockere Ähre bildend. Pflanze weichhaarig.

Roß-M. – *M. longifolia*

29. Familie: Nachtschattengewächse – *Solanaceae*

1 Blüten mit ausgebreiteten Blumenkronblättern, weiß oder violett. Frucht eine Beere.
3. Nachtschatten
— Blüten röhrig, glockig oder trichterig 2
2 Frucht eine schwarze, glänzende Beere. Blüten braun-violett.
1. Tollkirsche
— Frucht eine Kapsel 3
3 Blüten einzeln in den Stengelgabeln. Frucht 4klappig, stachlig.
4. Stechapfel
— Blüten zu mehreren angeordnet 4
4 Pflanze klebrig zottig, Blätter buchtig gezähnt, Blüten schmutzig gelb, violett geadert.
2. Bilsenkraut
— Pflanze nicht klebrig behaart. Blätter ganzrandig, Blüten rötlich.
5. Tabak

1. Tollkirsche – *Atropa* (S. 139)

Blüten nickend. Pflanze weichhaarig.

Schwarze T. – *A. bella-donna*

2. Bilsenkraut – *Hyoscyamus* (S. 141)

Blüten einseitswendig, geknäult am Stengel.

Schwarzes B. – *H. niger*

3. Nachtschatten – *Solanum* (S. 142)

1 Pflanze mit Knollen. Blätter gefiedert. Blüten weiß oder violett.
Kartoffel – *S. tuberosum*
— Pflanze ohne Knollen, mit ungeteilten Blättern 2
2 Blüten violett, Beeren rot, Pflanze kletternd.
Bittersüßer N. – *S. dulcamara*
— Blüten weiß, Beeren schwarz.
Schwarzer N. – *S. nigrum*

4. Stechapfel – *Datura* (S. 145)

Blätter buchtig gezähnt, Blüten weiß-violett.

Gemeiner St. – *D. stramonium*

5. Tabak – *Nicotiana* (S. 146)

Blüten lang röhrig. Blätter groß, länglich-lanzettlich, untere am Stengel herablaufend.

Virginischer T. – *N. tabacum*

30. Familie: Braunwurzgewächse (Rachenblütler) – *Scrophulariaceae*

1 Blüten weiß. **1. Gnadenkraut**
— Blüten rot, innen weiß mit schwarzen Flecken.
2. Fingerhut

1. Gnadenkraut – *Gratiola* (S. 148)
Blätter lanzettlich, drüsig punktiert. Pflanze 15—30 cm hoch.
Gottes-G. – *G. officinalis*

2. Fingerhut – *Digitalis* (S. 148)
Blüten glockig mit weitem Saum. Blätter eiförmig-lanzettlich, unterseits graufilzig, Rand gekerbt.
Roter F. – *D. purpurea*

31. Familie: Geißblattgewächse – *Caprifoliaceae*

1 Windender Strauch
4. Geißblatt
— aufrechte Sträucher 2
2 Blüten in Trugdolden 3
— Blüten nicht in Trugdolden 4
3 Blätter gefiedert **1. Holunder**
— Blätter einfach oder gelappt
2. Schneeball
4 (2) Blüten rötlich-weiß, glockig, in lockeren Ähren.
3. Schneebeere
— Blüten weiß oder rötlich, 2lippig, zu 2 auf gemeinsamem Stiel.
4. Heckenkirsche

1. Holunder – *Sambucus* (S. 150)
1 Sträucher. Zweige mit weißem Mark. Beeren schwarz.
Schwarzer Holunder – *S. nigra*
— Pflanzen krautig, am Grunde holzig. Beeren schwarz.
Zwerg-H. – *S. ebulus*

2. Schneeball – *Viburnum* (S. 151)
1 Blätter dünn, gelappt. Innere Blüten klein, äußere groß. Früchte rot. Gemeiner Sch. – *V. opulus*
— Blätter ledrig, eiförmig, mit gezähntem Rand. Früchte erst rot, dann schwarz. Wolliger Sch. – *V. lantana*

3. Schneebeere – *Symphoricarpus* (S. 152)
Blätter eiförmig, ganzrandig oder grob gezähnt. Frucht eine weiße Beere („Knallerbse").
Traubige Sch. – *S. albus*

4. Geißblatt, Heckenkirsche – *Lonicera* (S. 153)
1 Windender Strauch. Blüten weißlich-gelb, doldig, gestielt. Blätter getrennt. Wald-G. – *L. periclymenum*

— aufrechter Strauch 2

2 Blüten gelblich weiß. Blätter und Blütenstiele behaaart. Beeren rot.
Rote H. – *L. xylosteum*

— Blüten rot oder rosa. Beeren gelb oder rot. Blätter und Blütenstiele kahl. Tatarische H. – *L. tatarica*

32. Familie: Kürbisgewächse – *Cucurbitaceae*

1. Zaunrübe – *Bryonia* (S. 154)

1 Beeren schwarz, Pflanze 1häusig.
Weiße Z. – *B. alba*

— Beeren rot, Pflanze 2häusig.
Rote Z. – *B. dioica*

33. Familie: Korbblütengewächse – *Asteraceae (Compositae)*

1 Blüten weiß, selten rötlich.
2. Schafgarbe

— Blüten gelb 2

2 Körbchen nur mit Zungenblüten. Blätter stachlig gezähnt.
5. Lattich

— Körbchen nur mit Röhren- oder mit Zungen- und Röhrenblüten 3

3 Blätter gefiedert. Nur Röhrenblüten.
3. Rainfarn

— Blätter ungeteilt, leierförmig oder tief eingeschnitten 4

4 Blätter eiförmig-lanzettlich. Blüten bräunlich-gelb, rötlich überlaufen. **1. Dürrwurz**

— Blätter leierförmig -fiederspaltig.
4. Kreuzkraut

1. Dürrwurz – *Inula* (S. 156)

Nur Röhrenblüten zu erkennen. Körbchen in Doldentrauben angeordnet. Dürrwurz – *I. conyza*

2. Schafgarbe – *Achillea* (S. 156)

Blätter doppelt fiederteilig. Körbchen mit Zungen- und Röhrenblüten. Trugdolden. Gemeine Sch. – *A. millefolium*

3. Rainfarn – *Tanacetum* (S. 157)

Körbchen 6—10 mm breit, in Schirmrispen.
Gemeiner R. – *T. vulgare*

4. Kreuzkraut – *Senecio* (S. 158)

1 Körbchen nur mit Röhrenblüten. Blätter meist kahl.
Gemeines K. – *S. vulgaris*

— Körbchen mit Röhren- und Zungenblüten 2

2 am Grunde des grünen Hüllkelches 1—3 Außenhüllblätter. Blätter leierförmig oder fiederteilig. Zungenblüten mitunter fehlend.

Jakobs-K. – *S. jacobaea*

— am Grunde des grünen Hüllkelches 6—12 Außenhüllkelchblätter, bis zur Hälfte schwarz. Blätter fiederteilig, buchtig mit gezähnten Abschnitten, filzig behaart.

Frühlings-K. – *S. vernalis*

5. Lattich – *Lactuca* (S. 161)

Blätter waagerecht abstehend, stachelspitzig gezähnt, mitunter buchtig. Gift-L. – *L. virosa*

Literatur

BENTZ, H.: Nutztiervergiftungen. VEB Gustav Fischer Verlag, Jena 1969.

BICKERICH-STOLL, K.: Taschenbuch der wichtigsten heimischen Pilze I. Urania-Verlag, Leipzig–Jena–Berlin 1971.

BIRKFELD, A., und K. HERSCHEL: Pilze – eßbar oder giftig? A. Ziemsen Verlag, Wittenberg. 1971.

HAUSCHILD, F., u. Mitarb.: Pharmakologie und Grundlagen der Toxikologie, 4. überarb. Aufl. Georg Thieme Verlag, Leipzig 1971.

HENNIG, B.: Taschenbuch für Pilzfreunde. VEB Gustav Fischer Verlag, Jena 1968.

LANGENBECK, W.: Lehrbuch der organischen Chemie. Theodor Steinkopff Verlag, Dresden 1969.

LUDEWIG, R., und K. LOHS: Akute Vergiftungen. Ratgeber für toxikologische Notfälle. 3. Aufl. VEB Gustav Fischer Verlag, Jena 1971.

MICHAEL, E., und B. HENNIG: Handbuch für Pilzfreunde, Band I: Die wichtigsten und häufigsten Pilze mit besonderer Berücksichtigung der Giftpilze. VEB Gustav Fischer Verlag, Jena 1968.

ROTHMALER, W.: Exkursionsflora von Deutschland. Gefäßpflanzen. 4. verb. Aufl. Volk und Wissen Verlag, Berlin 1966.

STRASBURGER, E., u. Mitarb.: Lehrbuch der Botanik für Hochschulen, 30. Aufl., VEB Gustav Fischer Verlag, Jena 1971.

WIESNER, E. (unter Mitarbeit von F. BERSCHNEIDER und H. LIEBENOW): Ernährungsschäden der landwirtschaftlichen Nutztiere, 2. Aufl. VEB Gustav Fischer Verlag, Jena 1970.

Anhang

Botanische Fachausdrücke

(Vgl. auch Abb. 49—51)

1. Blüten

Blattkreise von außen nach innen: Kelchblätter–Blumenkronblätter („Blütenblätter") – Staubblätter – Fruchtblätter (Fruchtknoten mit Griffel und Narbe = Stempel).

Die Blätter eines Blattkreises können miteinander verwachsen sein, z. B. die Blumenkronblätter zu einer Kronröhre.

Zähligkeit: z. B. bestehen die Blattkreise der 3zähligen Blüten in der Regel aus jeweils 3 oder 6 Teilen, die der 5zähligen aus jeweils 5 oder 10.

Zwittrige Blüten: Enthalten sind Staubblätter und Fruchtblätter in einer Blüte (Mehrzahl der beschriebenen Pflanzen).

Eingeschlechtliche Blüten: Entweder sind nur Staubblätter enthalten (männliche Blüten) oder nur Fruchtblätter (weibliche Blüten).

Einhäusig: Pflanzen mit männlichen und weiblichen Blüten (z. B. Rotbuche, Eiche).

Zweihäusig: Pflanzen nur mit männlichen oder nur mit weiblichen Blüten (z. B. Eibe).

Strahlige Blüten: regelmäßig gestaltet. Alle Teile umstehen strahlenförmig den Mittelpunkt der Blüte. Mehrere Symmetrieebenen.

2. Früchte

Nußfrucht: eine feste Schale umschließt einen Samen. Dabei können auch die Fruchtwand und Samenschale miteinander verwachsen sein.

3. Blätter

Sommergrün: Pflanzen nur im Sommer mit grünen Blättern.

Immergrün: Pflanzen im Sommer und im Winter mit grünen Blättern.

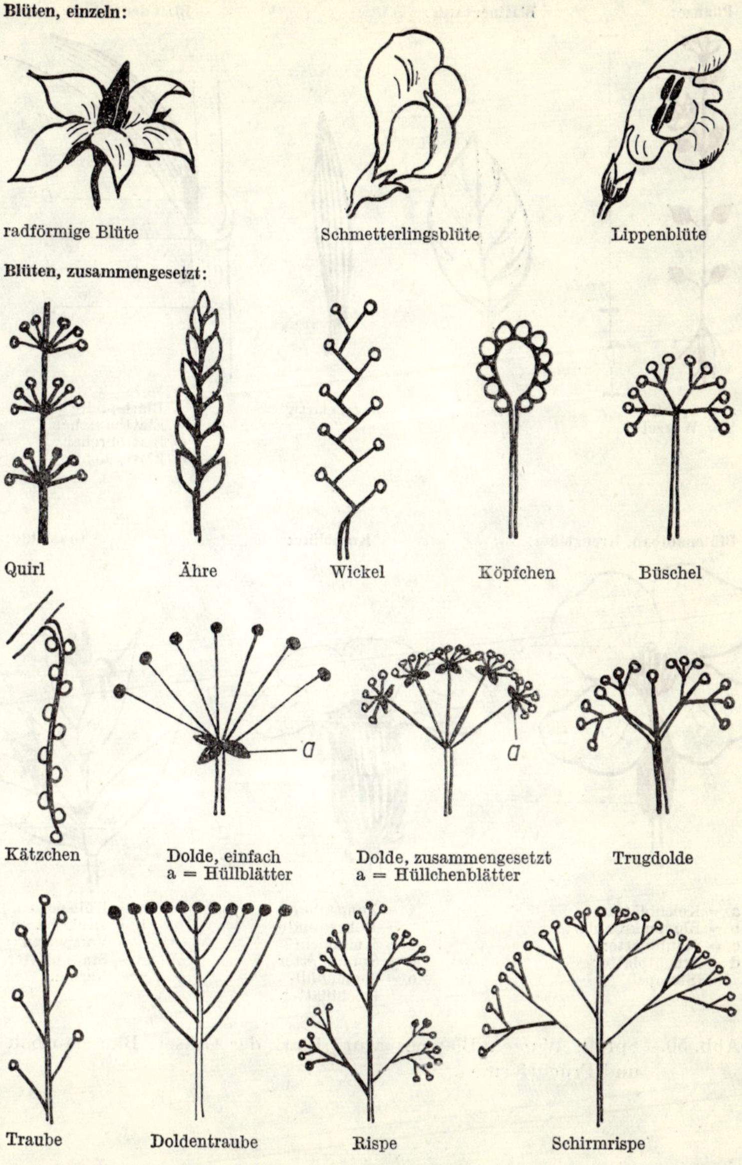

Abb. 49. Blütenformen.

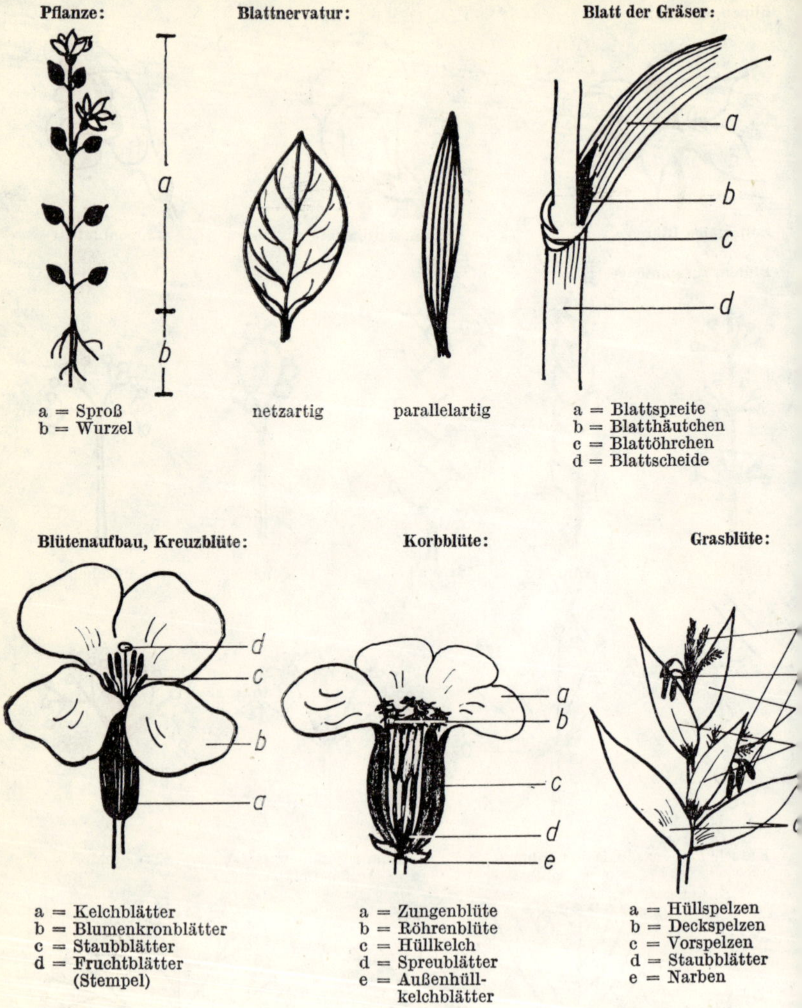

Abb. 50. Sproß, Wurzel, Blattnervatur, Blatt der Gräser, Blütenaufbau und Fruchtformen.

Fruchtformen:

Hülse

Schote

Balgfrucht

Kapselfrucht

einseitswendig: Früchte, Blätter oder Blüten

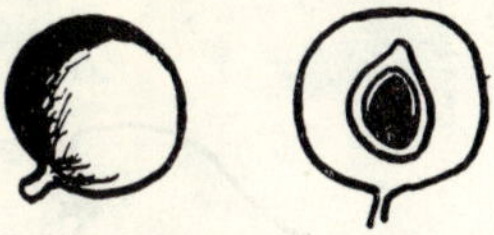

Steinfrucht

Beere

Blätter:

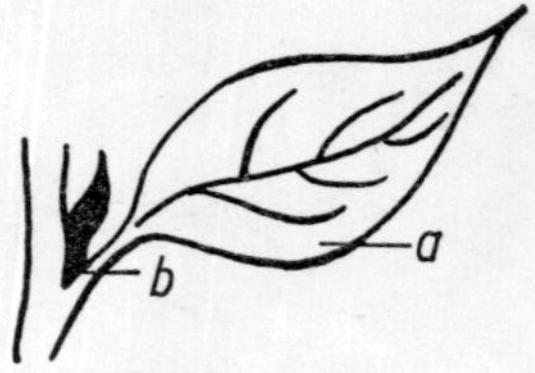

a = Laubblatt
b = Nebenblatt

Blattrand:

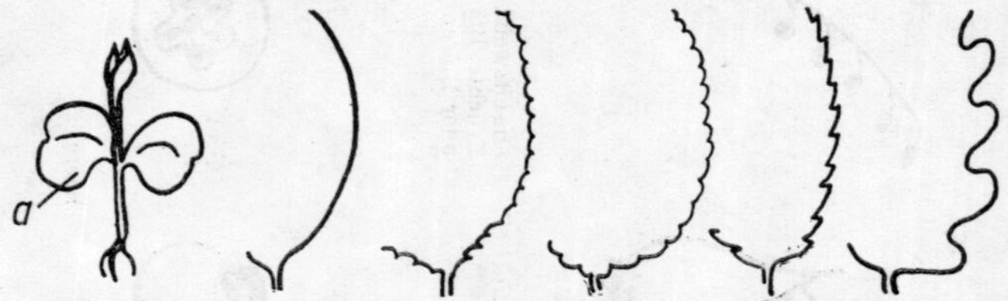

a = Keimblätter ganzrandig gezähnt gekerbt gesägt gebuchtet

Anhaftung:

gestielt sitzend herablaufend

Blattstellung:

kreuzgegenständig wechselständig grundständig zweizeilig

Blattform:

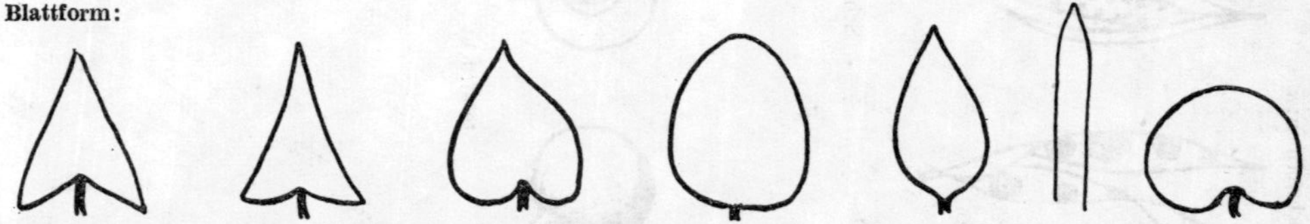

pfeilförmig spießförmig herzförmig eiförmig lanzettlich lineal nierenförmig

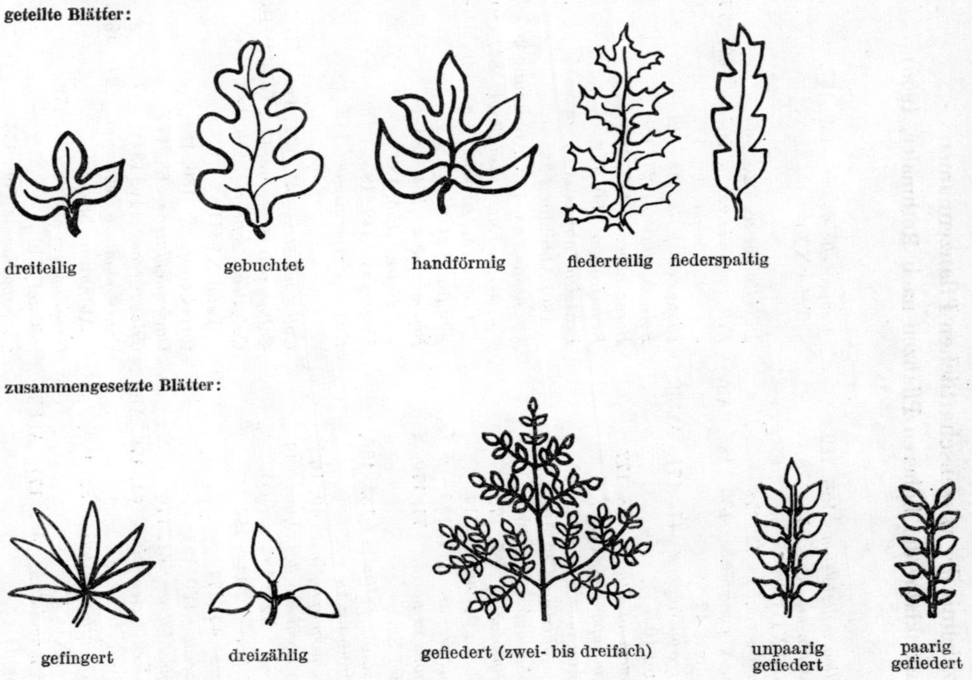

Abb. 51. Morphologie des Blattes.

Verzeichnis der wissenschaftlichen Pflanzennamen (Nomenklatur der höheren Pflanzen nach Rothmaler, 1966)

Verzeichnis der deutschen Pflanzennamen

Sachwortverzeichnis

Bildtafeln

a 

b 

a) Gemeiner Wurmfarn – *Dryopteris filix-mas.*
b) Eibe – *Taxus baccata.*

a

b

a) Abendländischer Lebensbaum – *Thuja occidentalis.*
b) Meerstrand-Dreizack – *Triglochin maritima.*

Tafel II

a

b

a) Sumpf-Schlangenwurz – *Calla palustris*.
b) Salomonssiegel – *Polygonatum odoratum*.

a

b

a) Maiglöckchen – *Convallaria majalis.*
b) Vierblättrige Einbeere – *Paris quadrifolia.*

Tafel IV

a

b

a) Weiße Narzisse – *Narcissus poeticus.*
b) Gelbe Narzisse – *Narcissus pseudonarcissus.*

Tafel V

Tafel VI

a

b

a) Wasser-Schwertlilie – *Iris pseudacorus*. b) Floh-Knöterich – *Polygonum persicaria*.

a

b

a) Echtes Seifenkraut – *Saponaria officinalis.*
b) Sumpf-Dotterblume – *Caltha palustris.*

a

b

a) Schwarze Nieswurz – *Helleborus niger*.
b) Blauer Eisenhut – *Aconitum napellus*.

Tafel VIII

a

b

a) Echte Kuhschelle, blühend – *Pulsatilla vulgaris.*
b) Echte Kuhschelle, fruchtend – *Pulsatilla vulgaris.*

a

b

a) Busch-Windröschen – *Anemone nemorosa.*
b) Großes Schöllkraut – *Chelidonium majus.*

Tafel X

a

b

a) Echter Meerrettich – *Armoracia lapathifolia.*
b) Scharfer Mauerpfeffer – *Sedum acre.*

a

b

a) Vielblättrige Lupine – *Lupinus polyphyllus.*
b) Gemeiner Goldregen – *Laburnum anagyroides.*

Tafel XII

a

b

a) Gemeiner Besenginster – *Sarothamnus scoparius.*
b) Schweden-Klee – *Trifolium hybridum.*

a

b

a) Weiß-Klee – *Trifolium repens.*
b) Echte Geißraute – *Galega officinalis.*

a

b

a) Robinie – *Robinia pseudoacacia.*
b) Tüpfel-Hartheu – *Hypericum perforatum.*

Tafel XV

a

b

a) Gemeiner Seidelbast, blühend – *Daphne mezereum.*
b) Gemeiner Seidelbast, fruchtend – *Daphne mezereum.*

Tafel XVI

a

b

a) Gemeiner Efeu – *Hedera helix.*
b) *Rhododendron.*

Tafel XVII

a

b

a) Gemeiner Liguster – *Ligustrum vulgare.*
b) Zaunwinde – *Calystegia sepium.*

Tafel XVIII

a

b

a) Echte Hundszunge – *Cynoglossum officinale.*
b) Efeublättriger Gundermann – *Glechoma hederaceum.*

Tafel XIX

a

b

a) Schwarze Tollkirsche – *Atropa belladonna*.
b) Virginischer Tabak – *Nicotiana tabacum*.

Tafel XX

Tafel XXI

a

a) Gottes-Gnadenkraut – *Gratiola officinalis.*

b

b) Roter Fingerhut – *Digitalis purpurea.*

a

b

a) Schwarzer Holunder – *Sambucus nigra.*
b) Gemeiner Schneeball – *Viburnum opulus.*

a

b

a) Wolliger Schneeball – *Viburnum lantana.*
b) Traubige Schneebeere – *Symphoricarpus albus.*

Tafel XXIII

a) Wald-Geißblatt – *Lonicera periclymenum*. b) Dürrwurz – *Inula conyza*.

Tafel XXIV